高职高专"十三五"规划教材

钢丝生产工艺及设备

董 琦　张学辉　主编

北　京

冶金工业出版社

2016

内 容 提 要

　　本书共分 7 个模块，其主要内容包括：原料的表面处理，钢丝的热处理，钢丝的拉拔，典型钢丝产品生产技术，钢丝质量检验，钢丝生产的设备，钢丝生产中的环境保护。

　　本书可作为高等职业院校材料成型与控制技术专业的教材，也可作为相关专业技术人员、企业员工培训教材及参考书。

图书在版编目（CIP）数据

钢丝生产工艺及设备/董琦，张学辉主编 . —北京：冶金工业出版社，2016. 8

高职高专"十三五"规划教材

ISBN 978-7-5024-7281-8

Ⅰ.①钢…　Ⅱ.①董…　②张…　Ⅲ.①钢丝—生产工艺—高等职业教育—教材　②钢丝—生产设备—高等职业教育—教材　Ⅳ.①TG356.4

中国版本图书馆 CIP 数据核字（2016）第 179800 号

出 版 人　谭学余
地　　址　北京市东城区嵩祝院北巷 39 号　邮编　100009　电话　(010)64027926
网　　址　www.cnmip.com.cn　电子信箱　yjcbs@cnmip.com.cn
责任编辑　俞跃春　美术编辑　杨 帆　版式设计　葛新霞
责任校对　卿文春　责任印制　李玉山
ISBN 978-7-5024-7281-8
冶金工业出版社出版发行；各地新华书店经销；三河市双峰印刷装订有限公司印刷
2016 年 8 月第 1 版，2016 年 8 月第 1 次印刷
787mm×1092mm　1/16；10 印张；237 千字；148 页
36.00 元

冶金工业出版社　投稿电话　(010)64027932　投稿信箱　tougao@cnmip.com.cn
冶金工业出版社营销中心　电话　(010)64044283　传真　(010)64027893
冶金书店　地址　北京市东四西大街 46 号(100010)　电话　(010)65289081(兼传真)
冶金工业出版社天猫旗舰店　yjgycbs.tmall.com
　　　　　　（本书如有印装质量问题，本社营销中心负责退换）

天津冶金职业技术学院冶金技术专业群及
环境工程技术专业"十三五"规划教材编委会

编委会主任

孔维军（正高级工程师）　天津冶金职业技术学院教学副院长

刘瑞钧（正高级工程师）　天津冶金集团轧一制钢有限公司副总经理

编委会副主任

张秀芳（副教授）　天津冶金职业技术学院冶金工程系主任

张　玲（正高级工程师）　天津冶金集团无缝钢管有限公司副总经理

编委会委员

天津冶金集团天铁轧二有限公司：刘红心

天津钢铁集团：高淑荣

天津冶金集团天材科技发展有限公司：于庆莲

天津冶金集团轧三钢铁有限公司：杨秀梅

天津冶金职业技术学院：于　晗　刘均贤　王火清　臧焜岩　董　琦

李秀娟　柴书彦　杜效侠　宫　娜　贾寿峰

谭起兵　王　磊　林　磊　于万松　李　敫

李碧琳　冯　丹　张学辉　赵万军　罗　瑶

张志超　韩金鑫　周　凡　白俊丽

序

　　2016 年是"十三五"开局年，我院继续深化教学改革，强化内涵建设。以冶金特色专业建设带动专业建设，完成了冶金技术专业作为中央财政支持专业建设的项目申报，形成了冶金特色专业群。在教学改革的同时，教务处试行项目管理，不断完善工作流程，提高工作效率；规范教材管理，细化教材选取程序；多门专业课程，特别是专业核心课程的教材，要求其内容更加贴近企业生产实际，符合职业岗位能力培养的要求，体现职业教育的职业性和实践性。

　　我院还与天津市教委高职高专处联合召开"天津市高职高专院校经管类专业教学研讨会"，聘请国家高职高专经济类教学指导委员会专家作专题讲座；研讨天津市高职高专院校经管类专业教学工作现状及其深化改革的措施，对天津市高职高专院校经管类专业标准与课程标准设计进行思考与探索；对"十三五"期间天津高职高专院校经管类专业教材建设进行研讨。

　　依据研讨结果和专家的整改意见，为了推动职业教育冶金技术专业教育改革与建设，促进课程教学水平的提高，我们组织编写了冶炼、轧制等专业方向职业教育系列教材。编写前，我院与冶金工业出版社联合举办了"天津冶金职业技术学院'十三五'冶金类教材选题规划及教材编写会"，并成立了"天津冶金职业技术学院冶金技术专业群及环境工程技术专业'十三五'规划教材编委会"，会上研讨落实了高职高专规划教材及实训教材的选题规划情况，以及编写要点与侧重点，突出国际化应用，最后确定了第一批规划教材，即汉英双语教材《连续铸钢生产》、《棒线材生产》、《热轧无缝钢管生产》、《炼铁生产操作与控制》四种，以及《金属塑性变形与轧制技术》、《轧钢设备点检技术应用》、《钢丝生产工艺及设备》、《大气污染控制技术》、《水污染控制技术》和《固体废物处理处置》等教材。这些教材涵盖了钢铁生产、环境保护主要岗位的操作知识及技能，所具有的突出特点是理实结合、注重实践。编写人员是有着丰富教学与实践经验的教师，有部分参编人员来自企业生产一线，他们提供了可靠的数据和与生产实际接轨的新工艺新技术，保证了本系列教材的编写质量。

本系列教材是在培养提高学生就业和创业能力方面的进一步探索和发展，符合职业教育教材"以就业和培养学生职业能力为导向"的编写思想，对贯彻和落实"十三五"时期职业教育发展的目标和任务，以及对学生在未来职业道路中的发展具有重要意义。

天津冶金职业技术学院　教学副院长　　孔维军

2016 年 4 月

前　言

为贯彻落实《国家中长期教育改革与发展规划纲要(2010~2020)》，围绕"国家教育事业发展第十三个五年规划"，依据教育部《关于全面提高高等职业教育教学质量的若干意见》（教高［2006］16号）和《关于推进高等职业教育改革创新引领职业教育科学发展的若干意见》（教职成［2011］12号）文件精神，以及高职高专材料成型与控制技术专业（金属制品方向）的教学要求，结合金属制品生产企业的生产实际和岗位技能要求，参照《拉丝工国家职业技能鉴定标准》编写了这本书。

本书在内容组织安排上，以钢丝生产工艺过程为主线介绍钢丝生产基础知识，以典型钢丝产品为主介绍钢丝生产技术，对各种钢丝生产设备、钢丝生产中的环境保护进行了描述。

本书由天津冶金职业技术学院董琦、张学辉担任主编，共分为7个模块，模块1、3、4由张学辉编写；模块2由罗瑶编写；模块5、7由冯丹编写；模块6由董琦编写。

本书在编写过程中得到学院领导的大力支持，得到企业工程技术人员的帮助，并参考了有关专家的文献，在此一并表示诚挚的谢意。

由于编者水平有限，书中不足之处，敬请读者批评指正。

编者
2016 年 4 月

目 录

模块1 原料的表面处理

【知识要点】

(1) 线材的质量与管理。
(2) 线材的表面清理。
(3) 润滑涂层。

【技能目标】

(1) 能判定线材质量。
(2) 能对线材进行表面清理和涂层操作。

1.1 知识准备

1.1.1 钢丝生产的原料

拉拔钢丝的原料是线材。直径 5～22mm 的热轧圆钢和 10mm 以下的螺纹钢，通称线材。线材大多用卷材机卷成盘卷供应，故又称为盘条或盘圆。高线是指用高速无扭轧机轧制的盘条，其特点是：尺寸精度高，不圆度小；采用集散卷风冷却，成分均匀，力学性能好；由于采用负公差轧制，节约了金属，相同重量的高线要比普线长度更长；每件只有一个头和尾；包装通常比较紧匝、漂亮。

1.1.1.1 线材的类别和用途

线材按钢种、化学成分、性能及用途一般分为以下几种。

A 普通碳素结构钢线材

按照 GB/T 700—2006《碳素结构钢》标准，普通碳素结构钢分 Q195、Q215、Q235、Q275 四种牌号，其化学成分见表 1-1，其中 Q215 分为 A、B 两个等级，Q235、Q275 分为 A、B、C、D 四个等级。

普通碳素结构钢线材，广泛用于生产各种光面或镀锌低碳钢丝，制钉丝、织网丝、架空通讯用丝以及建筑结构用丝，各种民用丝、文教用丝等。

B 优质碳素结构钢线材

按照 GB/T 699—1999《优质碳素结构钢》及 GB/T 4354—2008《优质碳素钢热轧盘条》，优质碳素结构钢可分 31 个牌号，其化学成分见表 1-2。

优质碳素钢热轧线材可广泛用于生产碳素弹簧钢丝、油淬火回火碳素弹簧钢丝，预应

表 1-1　普通碳素结构钢

牌　号	等　级	化学成分（质量分数）/%（≤）				
		C	Si	Mn	P	S
Q195	—	0.12	0.30	0.50	0.035	0.040
Q215	A	0.15	0.35	1.20	0.045	0.050
	B					0.045
Q235	A	0.22	0.35	1.40	0.045	0.050
	B	0.20				0.045
	C	0.17			0.040	0.040
	D				0.035	0.035
Q275	A	0.24	0.35	1.50	0.045	0.050
	B	0.21			0.045	0.045
		0.22				
	C	0.20			0.040	0.040
	D				0.035	0.035

表 1-2　优质碳素结构钢

序号	统一数字代号	牌号	化学成分（质量分数）/%					
			C	Si	Mn	Cr	Ni	Cu
						≤		
1	U20080	08F	0.05~0.11	≤0.03	0.25~0.50	0.10	0.30	0.25
2	U20100	10F	0.07~0.13	≤0.07	0.25~0.50	0.15	0.30	0.25
3	U20150	15F	0.12~0.18	≤0.07	0.25~0.50	0.25	0.30	0.25
4	U20082	08	0.05~0.11	0.17~0.37	0.35~0.65	0.10	0.30	0.25
5	U20102	10	0.07~0.13	0.17~0.37	0.35~0.65	0.15	0.30	0.25
6	U20152	15	0.12~0.18	0.17~0.37	0.35~0.65	0.25	0.30	0.25
7	U20202	20	0.17~0.23	0.17~0.37	0.35~0.65	0.25	0.30	0.25
8	U20252	25	0.22~0.29	0.17~0.37	0.50~0.80	0.25	0.30	0.25
9	U20302	30	0.27~0.34	0.17~0.37	0.50~0.80	0.25	0.30	0.25
10	U20352	35	0.32~0.39	0.17~0.37	0.50~0.80	0.25	0.30	0.25
11	U20402	40	0.37~0.44	0.17~0.37	0.50~0.80	0.25	0.30	0.25
12	U20452	45	0.42~0.50	0.17~0.37	0.50~0.80	0.25	0.30	0.25
13	U20502	50	0.47~0.55	0.17~0.37	0.50~0.80	0.25	0.30	0.25
14	U20552	55	0.52~0.60	0.17~0.37	0.50~0.80	0.25	0.30	0.25
15	U20602	60	0.57~0.65	0.17~0.37	0.50~0.80	0.25	0.30	0.25
16	U20652	65	0.62~0.70	0.17~0.37	0.50~0.80	0.25	0.30	0.25
17	U20702	70	0.67~0.75	0.17~0.37	0.50~0.80	0.25	0.30	0.25

序号	统一数字代号	牌号	化学成分（质量分数）/%					
			C	Si	Mn	Cr	Ni	Cu
						≤		
18	U20752	75	0.72 ~ 0.80	0.17 ~ 0.37	0.50 ~ 0.80	0.25	0.30	0.25
19	U20802	80	0.77 ~ 0.85	0.17 ~ 0.37	0.50 ~ 0.80	0.25	0.30	0.25
20	U20852	85	0.82 ~ 0.90	0.17 ~ 0.37	0.50 ~ 0.80	0.25	0.30	0.25
21	U21152	15Mn	0.12 ~ 0.18	0.17 ~ 0.37	0.70 ~ 1.00	0.25	0.30	0.25
22	U21202	20Mn	0.17 ~ 0.23	0.17 ~ 0.37	0.70 ~ 1.00	0.25	0.30	0.25
23	U21252	25Mn	0.22 ~ 0.29	0.17 ~ 0.37	0.70 ~ 1.00	0.25	0.30	0.25
24	U21302	30Mn	0.27 ~ 0.34	0.17 ~ 0.37	0.70 ~ 1.00	0.25	0.30	0.25
25	U21352	35Mn	0.32 ~ 0.39	0.17 ~ 0.37	0.70 ~ 1.00	0.25	0.30	0.25
26	U21402	40Mn	0.37 ~ 0.44	0.17 ~ 0.37	0.70 ~ 1.00	0.25	0.30	0.25
27	U21452	45Mn	0.42 ~ 0.50	0.17 ~ 0.37	0.70 ~ 1.00	0.25	0.30	0.25
28	U21502	50Mn	0.48 ~ 0.56	0.17 ~ 0.37	0.70 ~ 1.00	0.25	0.30	0.25
29	U21602	60Mn	0.57 ~ 0.65	0.17 ~ 0.37	0.70 ~ 1.00	0.25	0.30	0.25
30	U21652	65Mn	0.62 ~ 0.70	0.17 ~ 0.37	0.90 ~ 1.20	0.25	0.30	0.25
31	U21702	70Mn	0.67 ~ 0.75	0.17 ~ 0.37	0.90 ~ 1.20	0.25	0.30	0.25

力钢丝、高强度优质碳素结构钢丝、镀锌钢丝、镀锌钢绞线、回火胎圈钢丝、制绳用钢丝、钢芯铝绞线用镀锌钢丝、伞骨钢丝、自行车辐条钢丝、胶管钢丝等。

C 焊条钢线材

焊条钢线材主要用来生产各种焊条用钢丝，例如电弧焊、气焊、自动焊、气体保护焊等焊条用钢丝。钢种可分为碳素焊条钢、焊接用不锈钢及合金焊条钢等三大类。

D 合金钢线材

合金钢线材按用途可分为合金结构钢、合金工具钢和特殊性能用钢线材，其钢丝制品也有相应的合金弹簧钢丝、滚珠钢丝、不锈耐酸钢丝及耐热电阻合金钢丝等。

1.1.1.2 线材质量要求

因为原料质量的优劣直接影响着钢丝成品的质量，所以对线材有很多具体的要求，一般来说主要是尺寸精度、内在质量、表面质量、力学性能、盘重、包装、标志、运输和储存等。

A 尺寸精度

为了减少钢丝拉拔时的不均匀变形，保证钢丝生产顺利进行，提高拉丝模的使用寿命，改善钢丝表面质量等，因此对线材的尺寸精度有较高要求。对线材的尺寸精度要求包括尺寸公差和不圆度两方面。

（1）尺寸公差。我国国家标准规定为：在距盘条末端 4m 处测量。

（2）不圆度。不圆度是指线材同一横截面上最大直径与最小直径之差。

B 内在质量

盘条的内部质量主要指不得有缩孔、收缩疏松、气泡、非金属夹杂、脱碳等缺陷。这些缺陷严重影响钢丝力学性能，所以在国家标准中有严格规定。

a　缩孔

在钢水浇注钢锭时，钢液温度太高或浇注速度过快，易在钢锭内部形成较大的缩孔。轧制时因头部切不净而以连续或断续的夹层和孔洞残留在盘条内。钢锭缩孔处往往是钢水最后凝固的地方，这一区域的周围会出现严重的疏松及夹杂密集。带有缩孔的盘条经拉拔后会发生劈裂。

b　收缩疏松

在钢液凝固时形成的缩孔附近会产生收缩疏松的气孔。它的产生原因与缩孔相同。缩孔疏松位于钢材截面的中心部位，称中心疏松。疏松是出钢中的偏析或气体的析集或夹杂物腐蚀脱落造成的。

c　气泡

钢按脱氧方式不同分沸腾钢和镇静钢。沸腾钢在钢包中脱氧时会产生一氧化碳气体并在浇注的锭模内钢水会继续沸腾。镇静钢在炉内脱氧就比较完全，钢水注入模内呈静止状态。显然，沸腾钢中气泡存在较镇静钢多。气泡留在钢中，轧制时是难以熔合而形成孔洞使盘条性能变坏，拉制钢丝时造成断丝或恶化性能。

d　非金属夹杂

非金属夹杂，主要是冶炼脱氧不当或耐火材料落入钢液等外因造成。钢中的非金属夹杂以氧化铝最为有害。轧制时夹杂被压碎，其碎片分布成"线状"，拉拔时使基体金属连续性被破坏，造成钢丝可塑性降低。大量的非金属夹杂会明显地降低钢丝的疲劳强度极限。

e　脱碳

产生脱碳的原因是轧前加热时间过长或氧化剧烈，造成盘条断面上含碳不均或降低。脱碳对拉拔性能无影响，但对钢丝的疲劳性能影响较大。在国家标准中对一些重要的钢丝（如弹簧钢丝等），对其脱碳深度均有明确的要求。

C　表面质量

线材表面应光滑，不得有目视可见的折叠、裂缝、耳子、分层、结疤及夹杂等缺陷。

a　折叠

折叠是盘条表面常见的缺陷，它的产生主要是因上一道孔型中轧出的耳子或飞翅经下一道孔型压入盘条表面并与表面焊合不好所形成。折叠会使钢丝成品的弯曲、扭转、疲劳等性能降低。

b　裂缝

盘条表面的裂纹常是纵向开裂的细纹或细条，呈连续或不连续分布。其产生原因：钢锭皮下气孔或非金属夹杂经热轧后暴露于外表而形成；钢坯加热不当（过烧或加热不均）而引起表面龟裂；导卫装置不良，刮伤盘条表面等。

c　耳子

耳子是平行于盘条轴线方向上的条状凸起。由于轧制时孔型过充满或导卫不正造成的。耳子的产生使盘条尺寸超出公差，并给下一道轧出的盘条表面易造成折叠或拉拔钢丝时使模子爆裂，钢丝表面出现沟纹。

d　分层

分层指盘条分离成两半或多层，破坏了盘条的完整性。产生的原因：钢锭中的气泡轧制时不能焊合；钢锭缩孔切除不净；钢锭中非金属夹杂过多；轧制时不均匀变形造成的头部开花等。

e 结疤

结疤指盘条表面出现的一种钢质翘皮，它与盘条本身黏合，呈"指甲"形，厚薄不一。在盘条全长上呈无规则的分布。产生原因：铸锭时涂油不良使钢锭表面形成凸瘤，轧后被展开造成的；锭坯表面氧化铁皮过厚，轧时被压入表面形成的。

D 力学性能

GB/T 699—1999《优质碳素结构钢》对线材提出了抗拉强度、屈服强度、断面收缩率、断后伸长率等要求。

E 线材单重

线材单重是指热轧后的每盘重量。一般连轧机线材盘重为 1500～2000kg。采用大盘重的线材是实现高速拉丝的必需条件。增加线材的重量，是减少接头次数，实现高速拉拔、方便操作、提高生产效率和钢丝、钢丝绳产品质量的重要措施之一。

1.1.1.3 化学元素对钢丝性能的影响

碳素钢中主要含有的元素：碳、硅、锰、硫、磷、铜、铬、铝。这些元素在钢中起着不同的作用，决定了钢丝的性能。

A 碳

碳是碳钢中的主要元素，对钢丝的力学性能有着重要影响。碳含量的增加，提高了钢丝的抗拉强度，同时伸长率降低。$w(C)$ 每增加 0.1%，铅淬火后钢丝的抗拉强度可提高 7～12MPa，冷拉后可提高 10～20MPa。碳含量增加所引起强度、硬度的提高，塑性、韧性的降低，是由于钢中脆硬的渗碳体数量增加的结果。

B 硅

硅是冶炼中主要的脱氧剂，能获得完全脱氧均匀而致密的钢，能促进钢丝抗拉强度的提高。当钢中 $w(Si)$ 增加 0.01% 时，抗拉强度可提高 1.4MPa。硅也可以提高钢丝的弹性极限，$w(Si)$ 为 1.0%～2.5% 时，冷拉后钢丝的弹性显著增加。硅以硅酸存在于钢中时，则对钢丝拉拔是有害的，因分散在钢中的硅酸细小颗粒会促使拉丝模很快磨损。

C 锰

锰作为脱氧、脱硫剂加入钢中，能提高钢丝的强度和耐磨性，而且能减轻钢中硫的危害，形成 MnS 杂质被除去。钢丝中锰量的增加，会促进铅淬火钢丝奥氏体稳定，增强钢丝的淬透性，而形成分散均匀的索氏体组织。锰的含量增加，还能提高冷拔后的钢丝的弹性极限，弹簧钢丝的 $w(Mn)$ 一般在 0.9%～1.2%，锰量在 0.9% 以内时，能提高钢丝强度而不影响韧性和塑性。锰的增加，使钢的过热敏感性提高，晶粒易粗大。

D 硫

硫是钢中有害元素，能促进偏析，形成脆性杂质，其含量的增加，使钢的热脆性增加，抗腐蚀性降低，不利于钢丝表面镀层。钢丝的韧性与塑性因硫化物的存在而降低。在碳钢中严格控制 $w(S)$ 不超过 0.05%。

E 磷

磷是冷拉钢丝最有害的一种元素。$w(P) > 0.08\%$ 能增加钢的冷脆性使钢丝的冷拉性能变坏。磷能提高钢丝的强度，降低塑性，钢中 $w(P)$ 每增加 0.01%，可提高强度 $0.7MPa$。磷也可提高钢丝的弹性极限，改善抗大气腐蚀的作用。一般碳钢中不得超过 0.045%。重要用途的钢丝，含磷应越低越好。

F 铜

当钢中 $w(Cu)$ 为 $0.5\% \sim 0.6\%$ 时，会导致沉淀强化，使强度大大提高，塑性、韧性显著恶化。铜对钢的时效敏感性稍有增加，对抗腐蚀性有良好的作用。中、高碳钢丝的 $w(Cu)$ 应控制在 0.2% 以下，一般低碳钢丝的 $w(Cu)$ 应控制在 0.4% 以下。这样有利改善钢的淬透性并提高屈服极限和韧性。

G 铬

铬加入钢中能增加钢的可淬透性、抗腐蚀稳定性和抗氧化性。碳素钢 $w(Cr)$ 应控制在 0.1% 以下，大于此值会使钢丝的韧性降低。

H 铝

铝是冶炼的脱氧剂，在钢内以固溶体或极小的微粒存在，能严重损坏拉丝模。少量的铝可细化晶粒改善韧性。减少时效敏感性。在特殊情况下铝作为合金元素加入钢中，以提高钢的抗氧化性、耐腐蚀性，故被用于耐酸、耐热合金中。

1.1.1.4 线材的组织状态

作为冷拔钢丝的原料，希望能承受较大的变形和好的塑性以减少拉拔道次和工艺过程，要求原料的组织状态是能适应冷变形的索氏体（sorbite）组织。

（1）一般说来，具有结构均匀的索氏体组织的原料钢丝其冷拉极限值最高。这是因为：碳素钢丝拉拔时，承受滑移变形主要是靠铁素体相，故随变形增大而位错数目的增加和发展主要集中在铁素体相区域。由于索氏体中的铁素体相分布较均匀，其片层又薄又多，故位错既均匀又分散，不易发生位错早期堆积现象，从而能承受更多的位错数目而不致破坏。此外，索氏体中的渗碳体相极薄，呈片层状，在外力作用下也稍能塑性变形。

（2）索氏体组织经拉拔后，其强度值高，而塑性值并不降低。这是由于：渗碳体片越厚越不容易变形，因为厚的渗碳体片变形时容易脆裂形成微裂纹。而渗碳体片越薄，它不但相界越多、强化作用越大，而且在变形时越容易随铁素体一起变形而不脆裂。索氏体中的渗碳体片极薄，因此索氏体组织的钢丝经过拉拔后可获得较高的综合力学性能。

1.1.1.5 盘条的管理

高质量的盘条要辅以严格的管理，才能在稳定的工艺条件下，生产出高质量的产品。盘条从验收到投料，都要有一整套严密的规章制度。

（1）盘条供应商应提供盘条的质量保证书或出厂检验合格证。质保书上一般应标明盘条的钢号、线径、数量、盘重、炉号、力学性能（屈服点、抗拉强度、伸长率、断面收缩率）、化学成分（碳、硅、锰、磷、硫及其他微量元素）等。内在质量（夹杂、偏析、脱碳、晶粒度等）和表面质量（缩孔、裂缝、折叠、耳子等）一般是在购销合同中规定的，质保书上不一定标明。

（2）盘条在运输过程中应有防雨、防湿措施。每捆盘条都应扎牢，防止搬运时变松，使用时变乱。每捆盘条应拴有标牌，标有制造厂商名称、钢号、炉号、线径、重量、生产日期等。盘条应批量供货，并应按钢号、炉号分别装运。

（3）必须严格按照验收制度对盘条的化学成分、力学性能、内在质量和表面质量进行取样检验。检验合格后才能入库。应有完整的检测报告。合格盘条应按质保书分类登记建账。

（4）盘条库要清洁干燥，通风良好。防止盘条垛下积水、潮湿，致使盘条产生黄锈。防止排放的酸雾及其他有害气体进入盘条库，致使盘条发生腐蚀。

（5）盘条按生产厂家、按用途、按炉号分区堆放，并有明显标志。

（6）收、发盘条一律过磅并做好记录，一般应先来料者先用，及时清垛。

（7）跟踪每一工序的盘条消耗及其他质量信息，做好记录。

1.1.2　原料的表面清理

线材表面氧化铁皮又硬又脆，会划伤模具，甚至会阻塞模孔，致使拉拔断裂，是塑性变形的障碍，拉拔前必须彻底去除。表面清理的目的就是去除线材表面氧化皮。

去除氧化铁皮的方法有机械法（如反复弯曲、喷丸、刷除等）、化学法（酸洗、碱浸等）和电解酸洗三种。

机械法对环境污染较轻，废弃物质的处理难度不大，反复弯曲和刷除生产成本最低，喷丸处理成本略高于酸洗；机械法仅适用于中低碳钢丝，很难彻底清除合金钢丝的氧化皮。

化学法使用效果最好，成本也比较低，但污染环境，废弃物要进行环保处理。

电解酸洗通常用在连续生产线上。

1.1.2.1　机械法清理

A　反复弯曲法

这种方法是利用氧化铁皮的特性，使热轧盘条连续通过不同方向的弯曲时，因弯曲而造成盘条表面的反复延伸和压缩促成表面铁皮疏松剥落，用此法只能除去盘条表面铁皮量的80%左右，剩余的铁皮必须经酸洗或其他机械方法除去。生产上用此法处理后的盘条再经酸洗，能大大缩短酸洗时间，降低酸耗和防止过酸洗。

反复弯曲法去氧化铁皮的工艺，主要由弯曲辊的设计所决定。应从以下方面考虑：

（1）弯曲辊辊径。可以根据不同碳量的盘条变形值来确定弯曲辊辊轮的直径。设 D 为辊轮直径（mm）、d 为盘条直径（mm）、δ 为变形值（%）。盘条通过弯曲辊时的变形，盘条内外层变形不完全一样；外层表面受拉伸，内层表面受压缩。中心层视为不变形区，则盘条外层的变形值

$$\delta = \frac{(D+2d)-(D+d)}{D+d}$$

$$= \frac{d}{D+d} \times 100\%$$

当该段盘条进入下一个弯曲辊时，变形情况正好相反。这样造成盘条内外表面层处在反复拉压状态之中。延伸极小的氧化铁皮经不起这种变形而被撕裂破碎。

低碳盘条的伸长率可取大些，一般为 8%~10%，对中、高碳盘条的伸长率应小于 8% 为宜。对高碳盘条应注意这点，以免影响表面质量。

（2）弯曲辊布置形式。假如盘条反复拉压是在同一平面上的一组弯曲辊之间完成，那么盘条中心层处的铁皮就不易除去。所以必须将弯曲辊布置在不同平面上或二组弯曲辊布置在相互垂直的平面上方能收到较好的效果。

（3）包角。盘条与辊轮间的包角（α）越大，盘条承受弯曲变形量也就越大，且通过弯曲辊作用的时间也越长，去铁皮效果就越好。

（4）牵引力。牵引力的大小与后张力、盘条的屈服强度、盘条直径、辊轮直径和辊轮个数有关。

B　喷丸处理法

喷丸处理的作用原理是由高速旋转的摔轮将金属弹丸高速地射向钢丝（或盘条）表面，靠金属弹丸的动能打碎铁皮并除去。处理后表面的粗糙程度与所用喷丸型号有关。

喷丸处理法的效率与去皮效果取决于摔轮的性能。摔轮的转速要求在 2000~4000r/min。每分钟摔出的金属弹丸最多达 1000kg。射出金属弹丸的速度为 65~75m/s。摔轮要求布置在不同方位上，使射向钢丝表面的弹丸能形成均一的扇形面，为此在弹丸抛射处应设置导板并附有弹丸和铁皮的回收分离器。喷丸处理钢丝的线速度按其碳量、氧化铁皮性质、盘条尺寸等不同一般在 2~100m/min。盘条喷丸前应预先进行矫直。

C　组合式处理法

组合式处理法是指几种机械去皮装置联合组成一套完整的去铁皮机，以完全替代酸洗的一二种方法，还可与水洗、涂层，烘干、收线形成一条连续作业线。

（1）反复弯曲＋钢丝刷机械去铁皮。这一方法可将钢丝经弯曲辊后残余的铁皮再经钢丝刷除去。钢丝刷压力可以按需要进行调整，处理直径 5.0~7.0mm 钢丝的最大工作速度可达 200m/min。处理 1.5~4.5mm 钢丝，最大工作速度达 150m/min。经此法处理后的钢丝可直接进行涂层处理，但钢丝刷不耐磨，要经常更换。

（2）反复弯曲＋喷砂机械去皮。喷砂处理与喷丸处理的作用原理基本相同。不同的则是弹丸大小种类以及产生动能的装置不同。喷砂处理装置是把 40~60 目干的金刚砂借助压缩空气的动力喷射到盘条表面。去锈是靠磨料在喷嘴内纵向走动所产生的紊流使磨料与表面多次冲击来完成。喷砂处理的优点是能耗小，仅为喷丸能量的 1/3~1/4。缺点是粉尘大。要有密封好的防护罩。

1.1.2.2　化学法清理

A　酸洗原理

a　酸的"溶解"作用

酸洗时，把线坯全部浸入酸溶液中。当浸入酸液中时，其表面的氧化铁皮就与酸接触而起化学反应。同时，酸溶液也通过氧化铁皮中的裂缝和孔隙而与其中的所有三层氧化物及铁基体接触而起反应。

在硫酸溶液中酸洗时进行下列反应：

$$FeO + H_2SO_4 \Longrightarrow FeSO_4 + H_2O$$
$$Fe_2O_3 + 3H_2SO_4 \Longrightarrow Fe_2(SO_4)_3 + 3H_2O$$
$$Fe_3O_4 + 4H_2SO_4 \Longrightarrow Fe_2(SO_4)_3 + FeSO_4 + 4H_2O$$
$$Fe + H_2SO_4 \Longrightarrow FeSO_4 + H_2 \uparrow$$

在盐酸溶液中酸洗时进行的反应：

$$FeO + 2HCl \Longrightarrow FeCl_2 + H_2O$$
$$Fe_2O_3 + 6HCl \Longrightarrow 2FeCl_3 + 3H_2O$$
$$Fe_3O_4 + 8HCl \Longrightarrow 2FeCl_3 + FeCl_2 + 4H_2O$$
$$Fe + 2HCl \Longrightarrow FeCl_2 + H_2 \uparrow$$

由于发生了以上化学反应，线坯表面上氧化铁皮都变成了略溶于水或溶于水的铁盐及亚铁盐，因而从钢铁表面上被去除。这样的作用一般就叫做"化学溶解"作用。

b 氢气的"机械剥离"作用

酸进入有裂缝的氧化铁皮里与金属铁直接作用，生成大量的氢气。在有限空间的裂缝中难以逸出，于是在裂缝中越积越多，造成极大的压力把氧化铁皮自线坯表面剥下来。即靠压力剥除氧化铁皮，因此称作氢气的机械剥离作用。

c 氢的还原作用

产生的氢除了能起机械剥离作用外，还能使不易溶解于酸的高价氧化铁及四氧化三铁还原成易溶解于酸的低价的氧化亚铁，从而加速线坯表面氧化铁皮的溶解，这种作用称为氢的还原作用。

$$Fe_3O_4 + 2[H] \Longrightarrow 3FeO + H_2O$$
$$Fe_2O_3 + 2[H] \Longrightarrow 2FeO + H_2O$$

同时氢也能把高价铁盐 $Fe_2(SO_4)_3$ 和 $FeCl_3$ 还原成溶于酸的低价铁盐 $FeSO_4$ 和 $FeCl_2$，这是氢的还原作用，使附加氧化铁皮上的残渣减少，使酸与氧化铁皮能更充分接触，从而加速酸洗过程。其还原过程如下：

$$Fe_2(SO_4)_3 + 2[H] \Longrightarrow 2FeSO_4 + H_2SO_4$$
$$FeCl_3 + [H] \Longrightarrow FeCl_2 + HCl$$

B 影响酸洗速度的因素

a 浓度和温度对酸洗的影响

硫酸浓度的影响：当硫酸浓度不大于23%时，随浓度的增加，酸洗速度加快；但当硫酸浓度大于23%后，随浓度的增加，速度反而下降。这是因为硫酸溶液在23%时具有最高的氢离子浓度，硫酸浓度再增加时氢离子反而下降，氢离子的浓度将影响到酸洗作用的大小。

硫酸温度的影响：随着温度的上升，酸洗速度加快，故硫酸酸洗时主要采用升温来提高酸洗速度。当酸洗温度上升到60℃时，酸洗时间急剧减少，注意防止过酸洗。

盐酸浓度的影响：随着浓度的增大，酸洗速度也随着增快，提高盐酸浓度是提高酸洗速度的重要手段。

盐酸温度的影响：温度升高能提高酸洗速度，升温将产生大量的酸雾，既增加酸耗，又污染环境，所以一般不采用提高温度来提高酸洗速度。

b 铁盐含量对酸洗的影响

　　硫酸酸洗中的铁盐主要以 $FeSO_4$ 形成存在。当溶液中 $FeSO_4$ 质量分数超过溶解度时，就会结晶出铁盐，沉积在钢丝表面，致使酸洗速度大大降低，并沾污钢丝表面。

　　硫酸亚铁对酸洗速度的影响一般的规律是：浓度为 20%~22% 的硫酸中，不论 $FeSO_4$ 质量分数多或少，酸洗速度均可达到最大值。当硫酸的浓度从 20%~22% 开始增大或减少，都会使酸洗速度明显降低，而且随着 $FeSO_4$ 质量分数的增加，温度越低，酸洗速度降低越多。

　　在盐酸酸洗中，生成的铁盐 $FeCl_2$ 在盐酸中的溶解度较大，$FeCl_2$ 质量分数的适当增大，有利于提高酸洗速度。

　　c　酸洗类型对酸洗的影响

　　线材在盐酸中酸洗时要比在硫酸中酸洗速度快得多。在浓度较高的盐酸溶液中酸洗，主要是靠溶解作用除去氧化铁皮。在硫酸酸洗时，则主要靠机械剥离作用去除氧化铁皮。盐酸酸洗钢丝表面质量较好，缺陷少。

　　d　搅拌对酸洗的影响

　　搅拌可加速酸洗速度。一般操作时应把线盘架上下吊动，这样一方面可除去凝结在线坯表面的附着物及氢气泡，使线坯与酸液更好地接触；另一方面也可使酸洗液成分均匀。

　　e　其他因素对酸洗的影响

　　钢中含碳量高，则其铁溶解速度增大；冷加工后的钢丝，表面应力不均匀，可加快铁溶解速度；表面光滑的钢丝与酸液的接触面较小，溶解速度较慢。

　　C　酸洗缺陷及防止方法

　　a　氢脆

　　由于氢扩散进入钢基体引起金属力学性能恶化的缺陷称为"氢脆"。

　　产生原因：钢丝酸洗时，由于酸液与金属基体的化学反应生成原子氢，这些新生的原子氢一部分化合成氢分子，逸出槽外；另一部分原子氢向金属内部扩散，随着基体含氢量的增加将使钢的塑性急剧下降，拉拔时出现脆断。

　　防止方法：主要是严格控制酸洗时间。在采用硫酸加温酸洗时，升温使氢的扩散速度增大，故加温酸洗时更应掌握好酸洗时间，尤其对含碳量高、强度高的线坯，"氢脆"敏感性大，操作时更应注意时间的控制。

　　可用时效处理的方法来消除"氢脆"。在实际生产中时效处理的方法有两种：一是将有"氢脆"的原料线置于原料场摆放 48h 以上，二是将有"氢脆"的原料线重新返回干燥炉置放半小时以上。

　　b　欠酸洗

　　欠酸洗是指钢丝表面氧化铁皮清除不净的缺陷。

　　产生原因：酸洗时间过短，酸液的浓度或温度偏低引起的。还可能由于线材在热处理时表面挂铅，或者线材表面有油污引起。

　　防止方法：严格遵守酸洗工艺进行操作。在铅淬火时加以控制挂铅现象，或者酸洗前应注意除掉油污。在酸洗过程中，如发现欠酸洗可依据具体情况进行二次酸洗，但二次酸洗时间要掌握好，以防造成过酸洗。

　　c　过酸洗

　　酸洗后钢丝表面有凹坑、麻点等腐蚀缺陷称为过酸洗。这一缺陷常常发生在整批钢丝中。这类缺陷在随后的拉拔过程中无法清除，最后保留到成品，影响钢丝的表面质量及力学性能。过酸洗产生后通常无法清除，严重的只能报废。

产生原因：由于线坯在酸中浸渍时间过长，或酸液的浓度、温度过高引起。

防止方法：严格控制工艺参数，按工艺制度进行酸洗。适量添加缓蚀剂可以较好地防止过酸洗。

d　表面残渣

表面残渣是指操作过程中的搅动使沉积物飘浮、沉积于线材表面，或各种盐类在酸洗液中形成过饱和，在线材表面结晶析出。酸洗后残留在线材表面上的铁盐会使线材很快生锈。当进行镀层处理时，铁盐会降低镀层与钢基的结合强度，使镀层容易脱落而降低耐腐蚀性。

加强水洗去除表面残渣。如酸液中铁盐含量过高，则应更换酸液。

D　超声波酸洗法

人耳能听到的声音频率为 16Hz～20kHz。频率在 18000Hz 以上的声波称为超声波。超声波是一种超出人的听觉范围的高频率弹性波。

使用超声波发生器产生超声波。在连续作业中，超声波导体放在酸槽两侧或底部向溶液发射的超声波，以溶液中溶解的气体为核心，产生无核气泡，声波每振动一次各气泡随之受一次膨胀和压缩作用，瞬间在溶液内将以很大的能量互相撞击，波能产生达 500 大气压逐点交替的负高压和正高压。于是使钢丝表面的氧化铁皮由酸疏松后，迅速而均匀地被清除掉。同时超声波作用还可以使残留在线坯表面凹坑内的固体污物除净。

超声波酸洗的主要优点：可以用低浓度的酸液进行酸洗；可降低酸液的使用温度；能缩短酸洗时间，提高酸洗效率；可以利用弱酸进行酸洗；由于降低了酸液的温度和浓度，减轻了酸液的挥发，使酸洗带来的污染环境的程度有所缓和。

1.1.2.3　电解酸洗

电解酸洗的基本方法就是把有氧化铁皮的钢丝作为阴极或阳极，并与直流电源连接起来，依靠外电动势加剧在酸液中的电化学反应，从而除去氧化铁皮。

电解酸洗的特点是酸洗速度快，金属损耗多，表面质量好，同时酸洗的速度与电解液中酸的浓度及铁盐含量的变化关系很小。

电解酸洗的主要方法有阴极法、阳极法、阴极-阳极交替法三种。

A　阴极法

在硫酸液中，把线坯接电源负极作为阴极，而以铅极或含锑 6%～10% 铅合金极接电源正极作为阳极，通电后酸液中的 H^+ 移向阴极，发生阴极反应，即 $2H^+ + 2e = H_2\uparrow$，初生态氢可使 Fe_3O_4 或 Fe_2O_3 还原为 FeO 或 Fe，而易溶于酸，更主要的是生成的 H_2 对氧化铁皮起机械剥离作用。通电后 SO_4^{2-} 同时向阳极迁移，与铅生成不溶性的 $PbSO_4$ 覆盖层，此时 SO_4^{2-} 在阳极发生电极反应：$2SO_4^{2-} + 2H_2O - 4e \rightarrow 2H_2SO_4 + O_2$。

一般工艺为：10%～15% 硫酸做电解液，电流密度取 $3～10A/cm^2$，电压 2.5～3.5V。

该法缺点是产生氢脆的可能性较大。

B　阳极法

在硫酸液中，钢丝为阳极，主要的电极反应是 $Fe - 2e \rightarrow Fe^{2+}$，铁溶解下来，使表面上的氧化铁皮被剥离下来，次要的电极反应是 $2SO_4^{2-} + 2H_2O - 4e \rightarrow 2H_2SO_4 + O_2$。

阴极为铅极或铁极，电极反应是 $2H^+ + 2e = H_2$。

该法的优点是可避免钢丝产生氢脆，缺点是钢丝容易产生过腐蚀及表面有残留泥渣。

C　阴极-阳极交替法

该法不需要钢丝接外电源，而是在各个绝缘隔开的槽内放置铅板间隔接外电源正负极，则相应槽内钢丝为负正极。这样就避免了线坯与导电辊接触时，由于在较高的电流密度下被烧灼的危害。该法可采用较大的电流密度，并且具有阴极法和阳极法的优点，见表1-3。

表1-3　阴极-阳极交替法工艺参数

参　　数	钢　丝　状　态	
	冷　拉	热　处　理
硫酸含量/g·L^{-1}	150～250	250～350
温度/℃	≤40	≤40
电流密度/A·cm^{-2}	10～15	20～50
在槽时间/s	10～30	20～80
极区布置	+ －	+ － + －
钢丝对应极区	－ + －	－ + － + －

1.1.2.4　合金钢丝的表面清理

某些合金钢丝表面氧化皮很难去除，主要是由于钢中合金元素使钢的氧化皮形成某些特殊氧化物的缘故。例如奥氏体不锈钢中含有铬、镍、钛合金元素，在氧化性气氛中加热后，就生成相应的金属氧化物。特别是铬与镍的氧化膜致密、坚韧，并牢固地与基体金属结合在一起，故极难溶于硫酸或盐酸溶液。要去除这类氧化物，必须要用硫酸、硝酸和盐酸等混合酸，并配以熔融碱预处理才行。

在一些中、高合金钢丝中若含有这些金属元素，则钢丝表面的氧化皮必须用混合酸和熔碱来去除。

A　混合酸洗法

用盐酸、硫酸和硝酸组成的混合酸，主要用于酸洗不锈钢。混合酸（三酸溶液）溶液的配制，可用加入食盐（NaCl）及硝酸钠（NaNO$_3$）于硫酸溶液中来得到盐酸、硝酸和硫酸的三酸溶液。只加入食盐于硫酸溶液中可得到硫酸和盐酸的两酸溶液。这样既简化操作又降低成本。

注意：食盐和硝酸钠的比值（K）对酸洗有很大影响，其值应随使用温度的变化加以控制。一般取用的 K 值如表1-4所示。

表1-4　K 值使用情况表

使用温度/℃	80	90
$K = \dfrac{NaCl(重量)}{NaNO_3(重量)}$	>1.2	>2.5

如果 K 值过小（即 $NaNO_3$ 加入过多），则硝酸含量生成过多，引起硝酸的强氧化作用。其结果是钢丝表面容易发白，且造成钢丝表面容易产生点状腐蚀，故必须严格控制 $NaNO_3$ 加入量。

当硝酸与铁发生强氧化作用后，生成 N_2O 气体

$$4Fe + 10HNO_3 = 4Fe(NO_3)_2 + 5H_2O + N_2O\uparrow$$

N_2O 是白色的气体，在空气中进一步氧化成橙色的 NO_2 气体。NO_2 有毒，对人危害很大，因此要特别注意废气的排除和治理，以改善劳动条件。

为避免 NO_2 的危害，采用氢氟酸或重铬酸代替硝酸作混合酸，也能较好地去除奥氏体不锈钢丝的氧化皮。其配方之一如下：

硫酸 H_2SO_4	20%
食盐 NaCl	0.5%~1.0%
重铬酸钾 $K_2Cr_2O_7$	3%
水 H_2O	76%~76.5%
使用温度	40~50℃

B 熔融碱处理

熔融碱处理用来去除金属表面的氧化皮时，主要是依靠下列作用：

（1）机械剥离作用。由于合金钢的氧化皮较致密，牢固地粘着在线坯基体上。当线坯在熔碱中保温后立即浸水，由于钢基体与氧化皮的线膨胀系数不一样，且氧化铁皮可塑性又小，在加热时被胀裂的氧化皮，在浸水急冷后便松动剥落。

（2）化学作用。如钼、钨、钒、钛、铝的金属氧化物能与碱发生作用，它们会在浸渍过程中会逐渐地被清洗掉。

对于具有回火脆性倾向的高铬钢若采用熔碱处理，其熔液工作温度必须慎重考虑，如具有 "475℃脆性" 倾向 Cr17、Cr25 等高铬钢，必须提高碱液温度（550~600℃），以避开 "脆性" 温度区。

对于某些具有沉淀硬化性质的合金钢丝，也应考虑熔碱温度对性能的影响。切勿在该钢种的时效硬化温度范围内使用。

熔融碱的配方较多，主要由 $NaNO_3$（或 $NaNO_2$）、KNO_3、Na_2CO_3、NaOH 等组成，见表1-5。由于 Na_2CO_3 资源较丰富，价格便宜，因此编号6的配方应用较多。

表1-5 熔融碱常用配比表

编号	组成/%				熔化温度/℃	正常使用温度/℃
	$NaNO_3$	NaOH	KNO_3	Na_2CO_3		
1	96~98	2~4	—	—	317	325~600
2	100	—	—	—	281	300~550
3	—	100	—	—	322	350~500
4	—	—	100	—	337	350~600
5	50	—	50	—	140	150~550
6	—	70~80	—	20~30		450~600

在熔碱使用过程中，必须注意下列事项：

（1）浸碱钢丝必须先烘烤去水，以免碱洗进引起爆炸。

（2）钢丝不得有多量的油脂和易燃物质，以免引起火灾。

（3）浸碱后的制品应消除污物，否则钢丝存放时产生腐蚀。

C　苛性钠-高锰酸钾溶液浸洗处理

对不锈钢等高合金钢去氧化皮，一般要用熔融碱再配以三酸（或两酸）酸洗。但这种表面处理方法操作条件恶劣，线坯表面质量很难控制，易出现过酸洗缺陷。若采用苛性钠-高锰酸钾溶液浸洗一定时间，经冲洗后再在盐酸或硫酸中酸洗，也可将合金氧化皮顺利去除。这一方法的优点是既可使钢丝表面洁净，又不会出现麻坑和氢脆等酸洗缺陷。

在强碱（NaOH）溶液中高锰酸钾能自动分解，其最终产物是二氧化锰和氢氧化钾：

$$4KMnO_4 + 2H_2O \longrightarrow 4MnO_2\downarrow + 4KOH + 3O_2\uparrow$$

上述溶液经长期使用后，MnO_2 沉淀将会逐渐增加，但只要捞渣后，再添加 $KMnO_4$ 便可继续使用。

苛性钠-高锰酸钾溶液清除氧化皮的机理：溶液中放出的氧能把低价的金属氧化物氧化成高价金属氧化物（前者不溶于非氧化酸，后者则可溶），因而可改善氧化皮在酸中的可溶性。随后在盐酸（或硫酸）溶液中酸洗，使线坯的氧化皮去除。此外，在金属表面生成的氧气还对氧化皮具有积极剥离作用。

一定条件下，苛性钠-高锰酸钾溶液本身也具有溶解金属氧化皮的作用。

低价金属氧化物氧化成高价的金属氧化物：$2Cr_2O_3 + 3O_2 \rightarrow 4CrO_3$

铬酐与碱作用而溶解：$CrO_3 + 2KOH \rightarrow K_2CrO_4 + H_2O$

高锰酸钾在溶液中起主要作用。据统计，当其在溶液中含量保持在约 50g/L（近似 5%），就能使反应顺利进行。当浓度再增加时，则去皮速度增加极少。

溶液中的氢氧化钠仅仅在反应开始时起作用，即利用其 OH^- 与高锰酸钾的 K^+ 形成 KOH。此后的中间反应为：

$$4KMnO_4 + 4KOH \longrightarrow 4K_2MnO_4 + 2H_2O + O_2\uparrow$$

绿色的 K_2MnO_4 再逐步分解为不溶于水的棕色 MnO_2，并再生成 $KMnO_4$ 和 KOH

$$3K_2MnO_4 + 2H_2O \longrightarrow 2KMnO_4 + 4KOH + MnO_2\downarrow$$

最后得到前面所述的最终反应式。

因此，对于碱浓度仅在最初需加以控制，以后则不再需要添加碱。碱的配比按 NaOH 含量 ≤100g/L（近似 10%）为标准，超过时要加水稀释，否则会减慢去皮速度。

苛性钠-高锰酸钾溶液的配比如下：

苛性钠（NaOH）5%~10%；

高锰酸钾（$KMnO_4$）5%~10%。

1.1.3　润滑涂层

为保证润滑剂能牢固地黏附在丝材表面，能顺利地进入拉拔变形区，达到预期的润滑效果，拉拔前要对丝材进行涂层处理，即在丝材表面覆盖一层润滑剂的载体膜。涂层也是拉丝润滑膜的组成部分，一定粗糙度的涂层将润滑剂载入模孔内，和润滑剂一起组成足够厚的润滑膜，通常称为润滑涂层，其组成如图 1-1 所示。润滑涂层的作用是钢丝拉拔时涂层可黏附润滑剂载入模内。

钢丝的涂层种类繁多，常用涂层有黄化、磷化、镀铜、皂化、涂石灰、涂硼砂、涂硅酸盐、涂盐石灰和涂特种涂料等。

黄化、磷化、镀铜、皂化等涂层依靠化学反应在钢丝表面形成一层载体膜，称为转换型涂层。

涂石灰、涂硼砂、涂硅酸盐、涂盐石灰等涂层依靠物理黏附在钢丝表面形成一层载体膜，称为非转换型涂层。

特种涂料往往是两者兼备。

一般说来：转换型涂层的附着效果优于非转换型涂层；非转换型涂层只适用干式润滑涂层；黄化和涂石灰生产成本最低，磷化和特种涂料生产成本最高。具体使用哪种涂层需根据丝材的种类、变形抗力、拉拔工艺流程、减面率的大小及道次减面率的分配、选用的润滑方式确定。

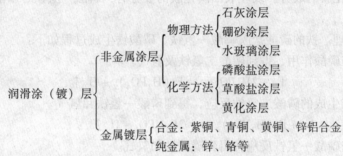

图 1-1 润滑涂层组成

涂层的性能要求：

(1) 要求与钢基具有一定的结合强度，不会在进入拉丝模前或在模内被破坏或被刮掉。

(2) 要求具有一定的抗热性，不致被高速拉拔发出的热量所破坏。

(3) 要求具有足够的塑性，能随同钢基一起延展变形，从而始终覆盖住整个钢丝表面。

(4) 要求易于黏附润滑剂，涂层表面应较粗糙，从而提高润滑效果。

(5) 用于半成品拉拔的润滑涂层，最好在热处理前易于除去，以免发生堵塞热处理炉孔或引起挂铅等弊病。

(6) 要求具有防锈性能，并无其他对性能的有害影响。

(7) 最好具备对线坯表面的残留酸有中和作用，有的涂层能满足产品其他方面的特殊要求。

1.1.3.1 磷酸盐涂层

A 概述

磷酸盐处理又称为磷化，是把线坯浸入特定成分的磷酸盐溶液中，经一定时间在线坯表面得到一层不溶性的磷酸盐膜，此过程称为磷化。一些厂家又根据产品的不同要求，即磷化层的厚薄不同，分别采用"厚磷化"和"薄磷化"工艺。

磷酸盐膜的特点：

（1）化学稳定性好，且有防锈能力。

（2）它与钢基结合牢固，且含有微孔，吸附性能好，拉丝时利于带入润滑剂，但是磷化层在钢丝镀层前的处理中，不易被清除掉。

（3）磷化层有良好的延展性，拉丝时它始终覆盖在钢丝表面。

（4）它在高温下为半固态，因此热处理时极易与钢丝表面的氧化铁皮黏结并淤积下来，这样往往堵热处理炉孔以及铅淬火时易挂铅。

B　磷化工艺原理

（1）磷化液的主要成分。磷酸盐处理液分为锌系、锰系、钙系及复合系。目前采用最多、最有代表性的是磷酸锌系处理液，它是以含磷酸二氢锌、硝酸锌、磷酸为主剂的弱酸性溶液。

（2）生成磷化膜的成分。线坯表面磷化膜的成分有：磷酸一氢铁、磷酸铁、磷酸一氢锌、磷酸锌。

（3）工艺原理。铁的磷酸盐膜磷酸一氢铁、磷酸铁生成过程如下：

1）钢基铁与磷酸作用，得到磷酸二氢铁及氢气。

$$Fe + 2H_3PO_4 = Fe(H_2PO_4)_2 + H_2 \uparrow$$

2）钢基铁与生成的磷酸二氢铁反应，得到磷酸一氢铁和氢气。

$$Fe + Fe(H_2PO_4)_2 = 2FeHPO_4 + H_2 \uparrow$$

3）钢基铁与磷酸一氢铁反应，得到磷酸铁和氢气。

$$Fe + 2FeHPO_4 = Fe_3(PO_4)_2 + H_2 \uparrow$$

4）电化学反应过程：除了化学反应外，由于钢丝表面存在不同的电极电位，因此组成了许多原电池，其中较活泼部位，即铁为负极，失去电子被氧化成 Fe^{2+}，电极反应是 $Fe - 2e = Fe^{2+}$。随后 Fe^{2+} 与溶液中的 HPO_4^{2-} 和 PO_4^{3-} 分别结合为 $FeHPO_4$ 和 $Fe_3(PO_4)_2$。而较不活泼的部分，如渗碳体区，发生 $2H^+ + 2e \rightarrow 2H \rightarrow H_2 \uparrow$，放出氢气。

在上述各反应中由于放出氢气，所以正常现象是出现乳白色泡沫，这意味着铁的磷化盐膜已生成。

锌的磷酸盐膜磷酸一氢锌、磷酸锌生成过程如下：

$$Zn(H_2PO_4)_2 = ZnHPO_4 + H_3PO_4$$

$$3ZnHPO_4 = Zn_3(PO_4)_2 + H_3PO_4$$

$$3Zn(H_2PO_4)_2 = Zn_3(PO_4)_2 + 4H_3PO_4$$

上式反应中生成的 H_3PO_4 因电离得到 HPO_4^{2-} 和 PO_4^{3-}，反应为：

$$H_3PO_4 \longrightarrow H^+ + H_2PO_4^-$$

$$H_2PO_4^- \longrightarrow H^+ + HPO_4^{2-}$$

$$HPO_4^{2-} \longrightarrow H^+ + PO_4^{3-}$$

生成的 $H_2PO_4^-$ 和 PO_4^{3-} 补充前述反应消耗的 $H_2PO_4^-$ 和 PO_4^{3-}。

磷化液中硝酸锌的作用：

（1）起催化作用，加快磷化反应。即它促进 Fe^{2+} 的生成，使铁基转化为 Fe^{2+}，因 Fe^{2+} 的增多，使磷化膜中铁盐结晶的核增多，使膜层与钢基牢固结合，且结晶致密，反应过程为：

$$Zn(NO_3)_2 \longrightarrow Zn^{2+} + 2NO_3^-$$

$$2NO_3^- + 12H^+ + 5Fe \longrightarrow N_2 \uparrow + 5Fe^{2+} + 6H_2O$$

（2）由于 NO_3^- 的存在，又使多余的 Fe^{2+} 的被氧化为 Fe^{3+} 并沉淀下来，以防止磷化液变色发黑而失效。反应式为：$Fe^{2+} \rightarrow Fe^{3+} + e$。

C、$Zn(NO_3)_2$ 有利于生成磷酸二氢锌，反应为：

$$Zn(NO_3)_2 + 2H_3PO_4 \longrightarrow Zn(H_2PO_4)_2 + 2HNO_3$$

C 磷化的工艺控制

（1）工艺参数，见表1-6。点数是指中和5mL磷化液所需0.05浓度 NaOH mol/mL。游离酸度一般标志着游离磷酸的浓度，主要来源于磷酸盐。总酸度则来源于磷酸盐和硝酸盐，是酸的总和。

表1-6 工艺参数

总酸度	35~60 点
游离酸度	3~7 点
ZnO	28~38g/L
HNO₃	30~40g/L
H₃PO₄	8~14g/L
温度	80~90℃
时间	3~5min

（2）控制因素：

1）磷化液组分的影响及其控制。酸比的影响，磷酸盐溶液的主要参数是酸比，它是指总酸度的点数和游离酸度的点数之比，记为：酸比 = 总酸度/游离酸度。在 60~80℃ 时酸比在 6~10 为宜。总酸度偏高可加速磷化，使磷化膜薄而细密。过高使磷酸与铁反应变慢，反而不易成膜。若偏低则磷化速度慢，且易使膜粗糙。游离酸度偏高达10点以上会使磷化膜粗糙多孔，并使槽内沉积物增多。若游离酸度偏低会使磷化反应变慢，膜易破裂，得到的 $Zn_3(PO_4)_2$ 量少，色泽不好，且不好拉丝。

总之，在磷酸盐处理中，严格控制总酸度与游离酸度的比值是磷化的关键所在。在调整酸比时，下列经验数值可供参考：$Zn_3(PO_4)_2$ 5~6g/L，可使游离度升高1"点"，总酸度升高5"点"左右；加入 ZnO 0.5g/L，可使游离酸度降低1"点"左右；加入 Zn(NO₃)₂ 20~22g/L，总酸度可升高10"点"。降低总酸度可用加水稀释的方法。

Zn^{2+} 的影响：含 Zn^{2+} 多可加快磷化，使磷化膜致密，晶粒饱满闪光。而 Zn^{2+} 含量少会使磷化膜疏松发暗。

NO_3^- 含量的影响：含量高可加速磷化，使磷化膜致密均匀，厚度变薄。NO_3^- 多可降低 Fe^{2+} 含量，防止磷化液变色。而 NO_3^- 含量偏低时会使磷化膜附着力下降。

亚铁离子 Fe^{2+} 过多会使液变黑失效，也可使磷化膜结晶粗大，弹性低。

2）温度的影响。温度高有利于加速磷化，使膜增厚，结晶也较粗大，同时升温促进 Fe^{2+} 的氧化，从而减少 Fe^{2+}，不过温度过高会使游离酸度不稳定。温度偏低会使磷化膜变薄且结晶细致，但低温下易使磷化膜发黑。

3）磷化时间较长可增厚磷化膜。

4）钢丝的成分和状态的影响。高碳钢丝比低碳钢丝易于磷化。冷拔后的钢丝不易磷化。抛丸处理后的钢丝易于磷化。

5）磷化液中杂质的影响。磷化液中渗入杂质会影响磷化膜的形成，抗腐蚀性能也有所变化，其中硫酸根（SO_4^{2-}）和盐酸根（Cl^-）影响最大。磷酸盐溶液中硫酸含量不能超过 3g/L；盐酸含量不能超过 5g/L。所以，在磷化时，把线坯从酸中吊进磷化槽前，必须将残酸冲洗干净。

D　磷化膜质量检验

肉眼观察磷化膜应是均匀、连续、致密的晶体结构。表面不应有未磷化的残余空白或锈渍。

E　磷化的质量缺陷及其防止方法

（1）磷化液发黄。原因：硝酸含量过高，磷化速度快，造成磷层粗粒，拉拔时润滑差，出现"叫模"。拉拔过程中由于表面润滑性能急剧下降，钢丝产生剧烈振动，发出周期性的尖叫声，俗称"叫模"。

对策：兑水或加 ZnO 调整。

（2）钢丝拉拔时易"叫模"。钢丝磷化后表面黏附白色、灰色粉末，拉拔时易"叫模"。这是由于磷化液中沉渣过多，应及时清渣。另外操作时由于搅动，使沉渣泛起或线坯与槽底沉渣接触也能引起这种缺陷，所以操作时应静置且不得接触槽底。

（3）磷化液变为"酱油汤"色。这是由于 Fe^{2+} 与 NO 结合生成 $Fe(NO)^{2+}$ 离子引起的，防止方法有：

1）酸洗后充分水洗，除清残酸及 Fe^{2+}。

2）通过空气或加入 HNO_3，使 Fe^{2+} 氧化为 Fe^{3+}，或升温到 90℃ 以上使 $Fe(NO)^{2+}$ 分解。

采取上述措施使溶液恢复到草绿色。

（4）磷化膜很薄或生不成膜。这是由于磷化时间短，或磷化温度偏低，或由于游离酸度偏低引起的，根据不同原因可采取升温，延长磷化时间，或者调低酸比来补救。

（5）磷化膜生黄锈。这是由于线坯表面有残酸，或磷化液中磷酸液减少及游离酸度过高引起的。应通过加强磷化前的水冲洗，或者补充 $Zn(NO_3)_2$，调高酸比。

（6）磷层粗糙。原因：总酸度低，游离酸度过高，温度太高。

对策：加入硝酸锌，降低温度。

（7）磷层松硫易脱离。原因：锌离子含量低，硝酸根离子不足，温度太低。

对策：加入硝酸锌，提高温度。

（8）钢丝表面黏附白色或灰色沉淀物。原因：池底沉淀物浮起。

对策：按时除渣，提高酸洗水洗质量，钢丝不与槽底接触。

1.1.3.2　硼砂涂层

A　硼砂涂层

硼砂是强碱和弱酸形成的盐，常温下含 10 个结晶水（$Na_2B_4O_7 \cdot 10H_2O$），在温度达

60.6℃时生成 5 个结晶水的硼砂（$Na_2B_4O_7 \cdot 5H_2O$），温度≥88℃，变成 2 水硼砂，温度继续升高，则变成 1 水、无水硼砂。随着温度的升高，它在水中的溶解度也提高，硼砂水溶液呈弱碱性。10 水硼砂对钢丝润滑没有好处，甚至有腐蚀性。一般认为 5 水硼砂最好，不但润滑性能好，而且对钢丝腐蚀性最小。硼砂在空气可缓慢风化。

线坯经酸洗后，浸涂一定浓度的硼砂溶液，使线坯表面获得一定厚度的硼砂层，称为硼砂涂层。

使用硼砂涂层应有良好正确的烘干措施，否则对其使用性能有很大影响。烘干温度太高、时间过长，则涂层失水、起泡、剥落，使拉拔难以进行。烘干温度太低，钢丝表面发黏，拉拔困难，模具容易磨损。

B　硼砂涂层的优点

（1）与钢丝黏着性好、不易剥落，消除了粉尘污染。

（2）作为润滑载体适宜于较高拉拔速度的需要（拉拔速度可达 400m/min）。

（3）比较易于黏附润滑剂，降低了拉拔力，节省拉拔时的能量消耗。

（4）硼砂溶液呈碱性，能中和线坯表面的残酸，起到一定程度的防锈作用。

C　硼砂涂层的缺点

（1）吸湿性强，极易吸潮。吸潮了的硼砂涂层丧失良好的润滑性能。

（2）硼砂属于无机盐，用于半成品拉拔热处理时可能堵塞炉孔。

D　硼砂溶液的工艺控制

a　浓度

根据线坯的含碳量、部分压缩率和拉拔速度、拉拔道次、钢丝软硬的不同而确定。对于低碳钢，部分压缩率 $q \leqslant 25\%$ 时，浓度取 $5\% \sim 10\%$。若 $q > 25\%$ 时，浓度取 $15\% \sim 20\%$。对于高碳钢，浓度控制在 $10\% \sim 30\%$，并加入 $2\% \sim 5\%$ 的磷酸三钠，以改善涂层性能。一般钢丝含碳量越高、拉拔道次越多，所用硼砂溶液浓度越大，涂层厚度越大。

b　温度

硼砂溶液温度的控制极其重要。因为硼砂在不同的温度下有不定的溶解度，当温度下降时会有部分硼砂结晶析出，如欲再使其溶解，将需很长时间而影响生产。所以当硼砂溶液暂不用时，必须予以保温。溶液温度控制在 80℃ 以上。生产中往往控制在 $90 \sim 95℃$，因为这样的操作方法可将线坯表面附着的残酸充分中和。

c　时间

浸渍时间一般在 $1 \sim 3min$。在连续作业线上细钢丝如能经过预热则只需几秒钟便可。

1.1.3.3　石灰涂层

A　石灰涂层

石灰液是用充分消化的石灰浆配制，主要成分是 $Ca(OH)_2$。石灰浆是用块状生石灰（CaO）经过消化、过滤后在湿润状态停留足够的时间，一般应在七天以后再使用。块状生石灰中氧化钙含量应大于 80%。石灰:水 = 1:(8 ~ 10)（质量比）。

钢丝经酸洗后，浸涂一定浓度的石灰液，随后使其干燥，则在线坯表面黏附一层熟石灰，这便是石灰涂层。石灰涂层主要用于低碳钢丝拉拔和生产半成品钢丝时使用。

石灰液可以中和钢丝表面的残酸。在石灰溶液中加入一定量的肥皂或动物油，构成复合石灰浆，从而提高拉丝时石灰涂层的润滑性和减少石灰粉尘。

B　石灰涂层的优点

（1）原料来源方便，成本低廉。

（2）涂液成分容易控制，工艺方法简单。

（3）石灰液呈碱性，能中和残酸。

（4）石灰涂层耐热性能好，在较高温度下也不会失去其载体和润滑作用。

（5）石灰涂层的线坯经拉拔后，表面的残余层极易去除，因此通常适用于拉后需镀层钢丝的拉拔。同时它不存在堵塞热处理炉孔的弊病。

C　石灰涂层的缺点

（1）石灰层和线坯的结合强度低，拉后的残余层变得很薄，故不宜于高速拉拔。

（2）石灰粉尘会严重污染环境。

1.1.3.4　镀铜层

铜层作为载体主要用在轮胎钢丝和二氧化碳保护焊丝生产中，这时铜层除作为载体外，对焊丝可提高其导电性，对轮胎钢丝可提高与橡胶的结合力。此外，也可用于优质碳素钢丝及弹簧钢丝等产品，以改善其润滑性能。

作为润滑载体的铜层，一般用化学方法镀在钢丝表面。化学镀铜是一种置换反应。镀铜时把钢丝浸入加有一定量硫酸和骨胶的硫酸铜溶液中，当钢丝表面和硫酸铜溶液接触后，发生化学变化，就会在钢丝表面上沉积，经过一定时间后就可镀上一层铜，完成镀铜过程。骨胶的作用是使镀层的结晶致密及与基体结合得牢固。但是骨胶的加入量也不宜过多，否则铜层将发黑发暗。化学镀铜前，钢丝表面的氧化铁皮必须清除干净，因为它是影响镀层质量的重要因素。

1.2　应知训练

1.2.1　单选题

（1）用硫酸酸洗时，提高温度会使酸洗速度（　　　）。

　　A. 加快　　　　　　　B. 不变　　　　　　　C. 降低

（2）磷化液游离酸过多时，磷化膜（　　　）。

　　A. 粗糙多孔　　　　　B. 薄而细密　　　　　C. 薄厚均匀

（3）磷化液锌离子浓度的提高，磷化速度（　　　）。

　　A. 加快　　　　　　　B. 不变　　　　　　　C. 减慢

（4）用盐酸酸洗时采用（　　　）来加快酸洗速度。

　　A. 提高浓度　　　　　B. 提高温度　　　　　C. 降低浓度

（5）用硫酸酸洗时，随着亚铁的含量增加，其酸洗速度（　　　）。

　　A. 升高　　　　　　　B. 下降　　　　　　　C. 不变

（6）从酸洗成本考虑（　　　）酸洗成本最低。

　　A. 硫酸　　　　　　　B. 盐酸　　　　　　　C. 硝酸

（7）影响盘条强度的主要化学元素是（　　　）。

　　A. 硫　　　　　　　　B. 碳　　　　　　　　C. 铝

（8）盘条中有害元素是（　　）。

    A. 硫　　　　　　　　B. 碳　　　　　　　　C. 铬

（9）不锈钢丝进行酸洗一般采用（　　）。

    A. 盐酸　　　　　　　B. 硝酸　　　　　　　C. 混合酸

（10）拉丝原料的组织状态要求是能适应冷变形的（　　）组织。

    A. 马氏体　　　　　　B. 屈氏体　　　　　　C. 索氏体

1.2.2　判断题

（1）钢丝的化学成分对酸洗的速度没有影响。（　　）

（2）酸洗时，硫酸溶液浓度越高越好。（　　）

（3）去锈机弯曲辊直径越大，则对去除氧化皮越有利。（　　）

（4）对钢丝进行磷化，主要是为了防止生锈，便于钢丝储存。（　　）

（5）合金钢丝表面的氧化皮必须用混合酸和熔碱来去除。（　　）

（6）为了防止氢脆，在操作时应严格掌握酸液温度和酸洗时间。（　　）

（7）硫酸的浓度越高，酸洗速度越快。（　　）

（8）电解酸洗的特点是酸洗速度慢，金属损耗少，表面质量好。（　　）

（9）化学法表面处理使用效果最好，成本也比较低，但污染环境。（　　）

（10）用盐酸、硫酸和硝酸组成的混合酸，主要用于酸洗不锈钢。（　　）

1.3　技能训练

实训任务　线材表面处理操作

【实训目的】

    （1）掌握用盐酸（或硫酸）酸洗线材方法。

    （2）掌握磷化操作方法。

【操作步骤】

    （1）用盐酸（或硫酸）酸洗线材，去除表面氧化皮。

    （2）用高压水冲洗，再用热水洗。

    （3）磷化操作。

    （4）高压水冲洗。

    （5）浸渍石灰水（肥皂水、其他涂层）。

    （6）烘干。

【训练结果评价】

    （1）学生自评，总结个人实训收获及不足。

    （2）小组内部互评，根据学生实训情况打分。

    （3）教师根据训练结果对学生进行口头提问，给学生打分。

    （4）教师根据以上评价打出综合分数，列入学生的过程考核成绩。

模块 2 钢丝的热处理

【知识要点】

(1) 掌握钢丝的几种常用的热处理方式。

(2) 掌握钢丝的加热温度、加热时间、淬火温度的确定及影响因素。

(3) 了解热处理—酸洗—涂层连续作业线工艺参数。

(4) 了解防止热处理缺陷的方法。

(5) 了解热处理炉的特点。

【技能目标】

(1) 会选择正确的热处理方式，并制定热处理工艺参数。

(2) 能够熟练地操作热处理设备对钢丝进行退火、正火、调质等热处理操作。

2.1 知识准备

2.1.1 热处理的目的和种类

2.1.1.1 钢丝热处理的目的

钢丝生产过程中常常需要进行热处理。在钢丝生产中钢丝热处理的目的概括来说有三个，下面做简单介绍。

(1) 为了提高热轧线材的塑性及消除其组织的不均匀性，以利于拉拔的预先热处理。如对盘条进行退火或正火处理。

(2) 为了消除冷加工造成的加工硬化现象，以利于进一步冷加工。钢丝的拉拔过程是在室温下进行的，金属在再结晶温度以下的这种加工处理，称为冷加工。各种金属有其各自的再结晶温度，对于钢来说，其再结晶温度为 $450 \sim 500 ℃$。因此，凡低于此温度的变形加工，均属于冷加工的范围。所以，拉丝便属于冷加工的一种。

在钢丝拉拔过程中，钢丝变得越来越硬、强度也越来越高；而塑性、韧性下降；压缩率越大，这种现象越明显。金属由于冷加工变形，使其强度、硬度增高，而塑性与韧性降低的现象，我们称为冷加工硬化。与此同时，钢丝的晶粒形状也沿延伸方向逐步拉长，晶粒界面也趋向模糊不清，以致完全消失，出现所谓形变织构。此外，晶内出现位向不同的亚结构等。

加工硬化现象是由于晶格歪扭、晶粒破碎等所致，用现代金属塑性变形理论来解释是由于晶体内部形成"位错"（在金属晶体结构中，原子本来呈规则的排列，由于某些原因，晶体中某处有一列或若干列原子的位置发生了有规律的错排现象，这就称位错）所造成。随着金属变形量的增加，其位错密度也将增加，因此，金属变形阻力增加，这就表现在金属的强度、硬度随之增加，形成了金属的冷加工硬化现象。加工硬化达到一定程度以后，金属将产生脆断，无法再继续加工。

钢丝经过冷加工后，具有纤维状组织，随着变形量的增加，这种纤维状组织就更加明显，金属的许多物理特性与其组织的方向性有关。

冷加工硬化对于冷加工过程是不利的，它阻止形变进一步进行。但有利的是，可以利用加工硬化来提高金属材料的强度，例如：热处理后冷拉钢丝强度的提高，就依赖于加工硬化。加工硬化也是工件能够成型的重要因素。

拉拔钢丝到一定变形程度时，由于加工硬化现象严重，而变形抗力增大，塑性下降，不能再继续拉拔。若要进一步拉拔，必须进行热处理，借以降低其变形抗力和恢复它的塑性。

（3）为了确保成品钢丝的最终力学性能或物理性能。属于这一目的的钢丝热处理，大体上有两种情况：

1）成品钢丝的最终热处理，即成品钢丝以热处理状态交货的。例如，针布钢丝以淬火-回火状态交货；合金工具钢丝、低碳通讯架空线钢丝要以退火状态交货；预应力钢丝要回火状态交货。故上述钢丝最终都要进行热处理。

2）为拉拔成具有高综合力学性能的成品钢丝，而对线坯进行显微组织准备的热处理。例如，拉拔制绳钢丝或轮胎钢丝，对成品的坯料进行索氏体化处理，从而经拉拔后使成品钢丝具有高强度和良好的韧性。

2.1.1.2 钢丝热处理的种类

根据钢丝的用途和品种以及对钢丝的物理性能和力学性能的不同要求，碳素钢丝的热处理大致可以分为以下几类。

A 正火处理

将钢丝或线材加热到 A_{c3}（亚共析钢）或 A_{cm}（过共析钢）以上一定的温度，保温一段时间，随后在空气中进行冷却，以获得珠光体组织的热处理方式，称为正火处理。

正火处理往往作为碳素钢丝的中间处理过程，而不作为钢丝拉制的成品处理。它是拉制半成品钢丝而进行的处理，主要目的在于软化钢丝。

B 等温淬火处理

将钢丝或线材加热到 A_{c3} 或 A_{cm} 以上的温度（850～1000℃），保温一段时间，随后在熔融的铅、盐、碱、沸水中或沸腾粒子床等恒温介质中进行冷却转变，以获得索氏体组织的热处理称为等温淬火处理，又称为索氏体化处理。

由于目前国内大多数厂家冷却介质仍采用熔融的铅，所以工厂中习惯称为铅淬火。也有用熔盐或沸水作为淬火介质的，俗称盐淬火或沸水淬火。

等温淬火的目的：获得索氏体组织。等温淬火时，过冷奥氏体实际上并不是在恒定温度下，而是在连续降温区间内转变的。因此严格说来，等温淬火并不是真正的等温转变过程。

生产高碳钢丝时，一般采用索氏体化处理作为拉拔成品前的热处理。如，生产制绳钢丝、轮胎钢丝、预应力钢丝、碳素弹簧钢丝和琴钢丝等。

C 退火处理

退火处理的目的是：消除热轧线材中组织缺陷、非平衡组织和粗大晶粒，使力学性能均匀；消除由于拉拔过程所引起的硬化和脆性，提高其塑性和韧性，以利于加工过程继续进行；保证成品钢丝获得所需要的力学性能和金相组织。

退火作为软化钢丝的一种有效手段，通常可分为球化退火、再结晶退火、低温退火等。

a 球化退火

钢丝加热到一定的温度（通常取 A_{c1} 与 A_{c3} 或 A_{cm} 之间的温度），保温一段时间后，再以不大于 50℃/ h 的冷却速度随炉冷却到 550～600℃，然后出炉空冷，使片状碳化物变为颗粒状，即得到所谓球化组织。

球化退火处理不仅使钢丝的硬度下降，有利于冷加工和切削加工，而且能为钢丝再加工成零件而需淬火时，作原始组织准备。因为这种组织淬火时产生过热和淬裂的倾向性较小，粒状渗碳体溶解较慢，淬火时被保存下来的较多，可以增加钢的硬度与耐磨性，使淬火后的性能均匀，故球化退火多用于工具、仪器仪表、滚珠轴承、缝纫机针、医疗器械等高碳钢丝与合金钢丝的生产。

凡是装料密集、线径较粗、保温或冷却时间偏短、以拉拔再加工为目的钢丝，加热温度都应偏高。至于坯料质量不好，难以拉拔和无缓冷坑的井式炉则以完全退火为宜。加热温度与钢丝的粗细有很大关系。直径大的，温度应较高；直径小的，温度应较低。具体数据可见表2-1。

表2-1 低碳钢丝再结晶退火的加热温度

钢丝直径/mm	加热温度/℃
0.4～0.7	600～650
0.8～1.2	600～680
1.2～1.4	620～700
>1.5	650～800

b 再结晶退火

将冷拉钢丝加热到再结晶温度以上（碳钢的再结晶温度为 450～500℃），通常取略低于 A_{c1} 点（或在 A_{c1} 点），稍加保温，然后根据钢种不同，进行缓冷或急冷，使冷拉钢丝组织转变成新的等轴结晶（再结晶），即为再结晶退火。

通过再结晶退火，可消除加工硬化，利于继续拉拔。使钢丝软化的中间退火以及某些软状态交货的低碳钢丝最终热处理，常用再结晶退火。

钢丝再结晶退火也有采用连续作业方式进行的，此时钢丝在连续炉内加热到低于 A_{c1} 10～15℃保温数十秒，随后空冷即可，这种处理称为钢丝连续式再结晶退火。

c 低温退火

低温退火是将钢丝或线材加热到适当温度（通常在 A_{c1} 温度以下），经保温后直接空冷，以消除内应力，恢复塑性。这种退火多用于合金钢丝生产，如合金弹簧钢丝、合金工具钢丝等。

D　回火处理

将钢丝加热到 A_{c1} 以下某一温度，保温一定的时间，然后以一定的冷却速度冷却到室温的处理，称回火处理。用于钢丝处理时，将冷拉后钢丝加热到 250~370℃（预应力钢丝是拉拔后回火，通常用铅浴加热，铅浴温度为 400~440℃），保温短时间，再进行冷却。

回火处理的目的：清除不均匀残余应力，使钢丝的抗拉强度、屈服极限和伸长率增加，并增大其抗蠕变性能。

钢丝的回火分为下列三种：

（1）低温回火。回火温度为 150~250℃。这是对于经淬火后要求保持高硬度、高强度和耐磨性的工件或钢丝所采用。

（2）中温回火。回火温度为 350~450℃。这是为保证高的屈服强度和一定的韧性，得到回火屈氏体。

（3）高温回火。回火温度为 500~650℃，得到回火索氏体。高温回火几乎完全消除淬火内应力，并使钢丝可得到高强度和高韧性最良好配合的力学性能。

应当指出，碳素钢丝在回火时钢丝的韧性并不总是随回火温度升高而增加。如果淬火钢丝在 230~370℃ 范围内回火时，往往冲击韧性值远比低于 230℃ 回火的韧性值要小，这一现象称为第一类回火脆性（以区别于某些合金钢丝在 500~600℃ 回火时产生的第二类回火脆性）。引起韧性降低的原因：一是与残余奥氏体向马氏体转变有关；二是与碳化物从马氏体析出有关。因此在实际应用中，淬火的钢丝应避免在上述温度范围内回火，以免降低钢丝的韧性。

E　调质处理

调质处理就是淬火加高温回火，即钢丝加热到 A_{c3} 或 A_{cm} 以上的适当温度，在淬火介质中（钢丝一般用油）急冷，然后在熔盐或熔铅以及其他中性介质中加热到低于 A_{c1} 以下的某一温度进行回火。因调质处理常采用油作为淬火介质，故工厂中经常称为油淬火。

调质处理采用的回火温度较高（400~500℃），以便获得回火索氏体组织。具有较高的强度、弹性和良好的韧性、耐疲劳性能。调质处理常作为成品钢丝的最终热处理。它广泛用于各种弹簧钢丝，如发动机阀门弹簧、压缩机气阀弹簧、汽车离合器和油泵嘴弹簧，以及纺织用弹性针布钢丝的最终热处理上。

经过这一热处理的成品钢丝在高的抗拉强度下具有良好的弹性、平直度、韧性、耐疲劳性能，并且组织和性能稳定，承受的工作温度也优于冷拔钢，使用这种钢丝的阀门弹簧使用寿命大大提高。

F　感应加热处理

感应加热处理的原理是将工件放入由空心铜管绕制的感应器中，然后向感应器通入一定频率的交流电以产生交变磁场，于是工件内就会产生频率相同的感应电流，使工件迅速加热到要求的温度。电流频率分为低频（50Hz），中频（50~1000Hz），高频（10^5~10^6Hz），制品行业多数使用中频感应加热。

感应加热的特点：加热速度快，氧化铁皮少，温度控制相对准确。加热过程中，钢丝由外向里温度逐渐降低。

2.1.2　钢丝热处理工艺参数的确定

通过对钢的一定温度的加热、一定时间的保温并以一定速度的冷却，来改变钢内部结构（组织），以期改变钢的物理、化学和力学性能的方法，称为钢的热处理。钢丝热处理工艺参数主要有：钢丝的加热温度、钢丝的加热时间、淬火介质（如铅浴）的温度、淬火时间（在铅时间）。下面以铅淬火为例说明。

2.1.2.1　钢丝的加热温度的确定

加热目的是为了得到均匀一致的奥氏体。在连续式索氏体化处理中，钢丝的加热温度（即线温）通常高达 A_{c3} + 100 ~ 150℃ 范围。其主要原因：

第一，钢丝的断面都比较小，因此要加热到规定温度所需时间较短。为了在较短时间内使奥氏体均匀化，应尽可能采用较高的加热温度，以加快碳在奥氏体中的溶解和扩散速度，缩短奥氏体化时间，从而在确保产品质量的前提下，提高连续式索氏体化处理速度。

第二，较高的线温使奥氏体晶粒成长速度加快，从而增大奥氏体稳定性，以便在冷却时奥氏体能接近于等温分解，得到均匀一致的索氏体。

第三，在普通连续式铅淬火时，由于采用了较高的线温，故可确保钢丝出炉后到进入铅槽前不致冷却到 A_{c3} 以下温度，从而避免或减少亚共析钢的先共析铁素体的析出。

A　影响钢丝加热温度的因素

a　钢丝的含碳量

由铁-碳相图可知，在亚共析钢中，随着含碳量增加，则 A_{c3} 温度降低，因而钢丝加热温度降低。但是其降低值并不等于 A_{c3} 点降低的数值（碳每增加 0.1%，A_{c3} 降低 23.5℃）；而含碳量（质量分数）每增加 0.1%，加热温度降低约 5℃。这是因为含碳越高，奥氏体均匀化越显得困难（含碳量越高，渗碳体量则越多，故加热时在奥氏体的形成过程中，渗碳体溶解到奥氏体内以及奥氏体成分的均匀化，都较含碳量少时要困难一些）。因此当含碳量增高时，尽管 A_{c3} 点下降较多，而规定钢丝的加热温度降低有限。

b　其他合金元素

钢中含有锰、铬、镍等会降低 A_{c3} 点，从而也会影响钢丝的加热温度。但是对碳素钢丝来说，一般合金元素含量较少，故其影响可忽略不计。但锰含量（质量分数）可达 0.3% ~ 0.8%，甚至更高，锰还有促使奥氏体晶粒长大的倾向。所以当含锰量（质量分数）超过 0.5% 时，应考虑锰的影响（当锰含量每增加 $w(Mn)$ 为 0.3% 时，相当于增加 $w(C)$ 为 0.1% 的作用）。

c　钢丝的直径

随着钢丝直径的增大，钢丝的加热温度也要相应增高，这主要是考虑较粗钢丝的热透性和确保奥氏体的均匀化。

d　原始组织

钢的原始组织不同也会影响钢丝奥氏体化过程。T8、T9 钢的大规格线材经球化处理和拉拔后，由于球化物较片状碳化物难溶解，此时需要适当增高加热温度或相应增加保温时间，以保证奥氏体均匀化充分进行。

钢丝加热温度计算的经验公式很多，常见的有下列几种：

$$T_D = 930 - 50w(C) + 5D \tag{2-1}$$

$$T_D = 938 + 20\arctan\frac{D-1.25}{1.75} - 50w(C) \tag{2-2}$$

式中　　　T_D——钢丝的加热温度，℃；

　　$w(C)$——钢丝含碳量（质量分数），%；

　　　　D——钢丝直径，mm；

$\arctan\dfrac{D-1.25}{1.75}$——以弧度表示的角度。

上述两式经验都考虑了钢丝含碳量和钢丝直径对钢丝加热温度的影响。其中含碳量的影响均按每增加 $w(C)$ 为 0.01%，线温降低 5℃ 来计算。至于钢丝直径的影响，式（2-1）按钢丝直径每增大 1mm，线温升高 5℃ 来计算，故丝径与加热值呈直线变化关系；而式（2-2）丝径增大与线温升高呈曲线变化的关系，如图 2-1 所示。

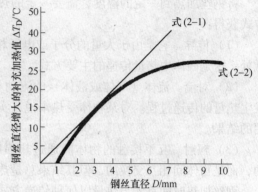

图 2-1　钢丝直径对钢丝加热温度规定值的影响

【例题 2-1】　已知钢丝直径 3.0mm，含碳量（质量分数）为 0.7%，需要进行索氏体化处理，求加热温度？

解：由式（2-1）可知：$T_D = 930 - 50 \times 0.7 + 5 \times 3 = 910℃$

由式（2-2）可知：

$$T_D = 938 + 20\arctan\frac{D-1.25}{1.75} - 50w(C) = 938 + 20\arctan\frac{3-1.25}{1.75} - 50 \times 0.7$$

$$= 938 + 20 \times 0.7845 - 35$$

$$= 918℃$$

当钢丝直径为中、小规格（直径小于 6.5mm）时，采用式（2-2）计算出的钢丝加热温度略大于式（2-1）的计算值。当钢丝粗大（直径大于 6.5mm）时，式（2-1）的计算值要略大于式（2-2）的计算值。

B　钢丝加热温度对钢丝性能的影响

钢丝加热温度对钢丝性能的影响，主要是通过对奥氏体晶粒大小和淬火时的过冷度的改变来实现的。加热温度对钢丝铅淬火后强度的影响，如图 2-2 所示。

从图 2-2 上可以看出：钢丝加热温度在 920℃ 以下，钢丝抗拉强度随着线温的升高而提

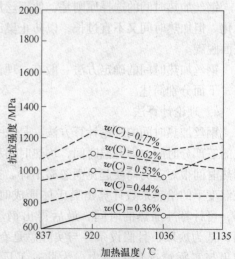

图 2-2　不同含碳量的钢丝抗拉强度与加热温度的关系（460℃ 铅淬火）

高，这主要是由于随着线温的升高，碳溶解到奥氏体中的量逐渐增加，经铅淬火后，渗碳体的量也有所增加，故抗拉强度提高。线温超过 920℃后，碳的这个作用就不明显了，而是由于线温的升高，奥氏体晶粒变得愈来愈粗大，使晶界强化作用减弱，所以钢丝抗拉强度随线温升高而降低。

2.1.2.2　钢丝的加热时间 τ 的确定

A　影响钢丝加热时间的因素

钢丝加热时间与加热方式（马弗炉加热，明火炉加热、直接导电加热）、加热温度、钢丝的化学成分、钢丝的直径大小及钢本身的导热性能等因素有关。

将钢丝加热到一定的温度，需要一定的热量，这些热量主要通过以下三种热量的传递方式获得：

（1）传导。它是由于大量的分子或电子相互撞击，使能量从物体的温度较高处传至较低处，这是固体中热量传递的主要方式。

（2）对流。流体（气体或液体）的流动与温度不同的固体表面直接接触时，相互间发生热量的传递过程。对某物体受热来说，实际上是对流和传导两种基本传热方式共同作用的结果。

（3）辐射。互不接触的物体间通过热辐射而传递热量的过程，这种过程不是单方面的，而是物体间相互交换的，但其结果总是热量从高温物体传向低温物体。

钢丝加热时间首先与热量以何种传递方式供给钢丝有关。多种传热方式同时传热比单一的传热方式传热速度要快得多，钢丝加热时间相应要短一些。其次与加热温度有关，加热温度高，传热梯度大，传热速度加快，加热时间也可以缩短。钢丝直径愈大，加热时间也相应加长。钢的化学成分对钢丝加热时间也有影响。合金元素含量高，奥氏体化时，合金元素溶解的时间需要较长，所以，相应的要延长钢丝加热时间。

B　钢丝加热时间确定的方法

钢丝加热时间的选择原则是：使钢丝加热后得到完全均匀一致的奥氏体，即完全奥氏体化。但加热时间又不宜过长，以防止奥氏体晶粒的粗大、钢丝表面氧化铁皮增多或造成表面脱碳。

钢丝加热时间的确定方法一般有：理论计算法、经验归纳法（计算或查图）、实验法等，下面分别简述。

a　理论计算法

钢丝加热时间的理论计算方法，是从一般热处理观点出发，把加热时间假设为各自独立的三部分时间，即升温时间、均热时间和奥氏体形成时间。由于钢丝直径都较小，所需均热时间很短，为简便起见而忽略不计。又假设奥氏体形成在 700～800℃进行，从而可按该温度下的给热系数计算出奥氏体形成时间。又根据炉温、线温、钢丝直径与平均比热等，可计算纯加热的时间，最后得出钢丝的加热时间。用这种方法来计算钢丝加热时间，甚为烦琐，且假设条件与实际总是有一定的差异，考虑因素也不可能全面，故所得结果与实际情况误差很大。为此，工厂生产所定的钢丝加热时间，多不用理论计算方法。

b　经验归纳法

钢丝加热时间主要与钢丝直径、钢丝加热温度、炉子的形式和炉温曲线等有关。为此，按不同炉型和温度制度，分析总结归纳大量实际资料，建立一些经验公式或图表，可用来估算所需的加热时间。

钢丝加热时间经验公式很多，常用的有：

$$\tau = (30 \sim 60)D \tag{2-3}$$

$$\tau = 48 + 2.18D^2 \tag{2-4}$$

$$\tau = (14 + 6D)D \tag{2-5}$$

$$\tau = (12 + 10D)D \tag{2-6}$$

式中　D——钢丝直径，mm；

　　　τ——钢丝加热时间，s。

式（2-3）、式（2-4）适用于卧式马弗炉中加热各种碳素钢丝，式（2-5）、式（2-6）适用于卧式三段式马弗炉加热各种碳素钢丝，但式（2-5）适于粗规格，式（2-6）适于较小规格的钢丝。采用查图表法估计钢丝加热时间，简易的有马弗拉赫图解法，如图 2-3 所示。

【例题 2-2】　已知钢丝直径为 5.0mm，炉温为 1000℃，要求线温达到 975℃，求所需的加热时间。又若上述条件是在 16m 长的连续热处理炉中进行，问其热处理线速度为多少？

解： 因炉温 $t_0 = 1000$℃

炉温与所需线温之差：$\Delta t = 1000 - 975 = 25$℃；

见图 2-3，由纵坐标查出线温

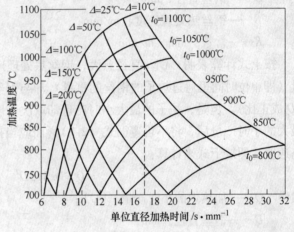

图 2-3　各种炉温下钢丝加热时间与线温的关系图解

975℃，引水平线与 $\Delta = 25$℃曲线相交一点，再自该点作垂线与横坐标相交，即得单位直径的加热时间 $\dfrac{\tau}{D} = 17.2$s/mm。则所需的加热时间 $\tau = 17.2 \times 5 = 86$s，故热处理线速度：

$$V = \frac{炉子长度}{加热时间}$$

$$= \frac{16}{86}\,(\text{m/s}) = \frac{16 \times 60}{86}(\text{m/min}) = 11.2\,(\text{m/min})$$

若考虑热处理时的均热、保温，可乘以一个系数 K（K 取 0.5 ~ 1.0），则热处理线速度：

$$V = KV = 5.5 \sim 11.2\,(\text{m/min})$$

在实际生产中，一般都控制炉温与加热温度相等。另外从安全的角度来考虑，也有必要适当延长加热时间。因此通常都取加热时间分为丝径的 0.5 ~ 1.0 倍，如 $\phi 3.0$mm 钢丝加热时间可取 1.5 ~ 3.0min。

c　实验法

工厂生产所定的钢丝加热时间，多为通过实验法来测定的，实验法测定时的时间较可靠，且测定方便。

实验法是借助加热时间（即钢丝运行速度）与钢丝抗拉强度之间有一定的关系，从而根据钢丝强度来断定最适宜的加热时间。

当钢丝以不同速度进行连续加热时，若速度太快，奥氏体未能充分形成，则钢丝强度将会降低。为此降低速度，以使碳化物充分溶解到奥氏体中，从而会使钢丝强度升高。当钢丝强度上升到最大值时，便可认为已形成均一的奥氏体。若继续减慢速度，则由于奥氏体晶粒长大，钢丝强度将再度下降。通过上述试验，获得钢丝强度最大时的速度就是最大允许速度（也就可得出最短的加热时间）。

当试验求出某一线径的最高允许速度后，则将该线径乘以其最高允许速度，并假设其乘积为一常数 K，而其他线径的速度可按下式求出：

$$D \cdot S = K \tag{2-7}$$

式中　D——钢丝直径，mm；

　　　S——钢丝热处理速度，m/min；

　　　K——常数，mm·m/min。

按上式计算表明，钢丝直径愈大，钢丝热处理速度则愈小。但该式所得的炉子小时产量（即单位时间里通过炉子的钢丝的重量）却与钢丝直径成正比例（因小时产量与 $D^2 S = KD$ 成正比）。但是，炉子的最大小时产量却取决于燃烧器的燃烧能力。因此，当炉子达到最大的小时产量后，将不再遵循式（2-7），而应当控制炉子的小时产量为恒定的方法来调整速度，即按下式来计算：

$$Q = 0.375 D^2 \cdot S \tag{2-8}$$

式中　Q——加热炉的小时产量，kg/h；

　　　D——钢丝直径，mm；

　　　S——钢丝的热处理速度，m/min。

对于小直径的钢丝，速度应有一定的限制。因为往往按照式（2-8）会得出不切实际的速度，即速度过高，以致放线速度过快，引起拉力负荷过大（大于加热钢丝的破断拉力），使钢丝发生断裂。遇到这种情况应减慢热处理速度，并适当降低炉温，以防止钢丝过热。

2.1.2.3　铅浴温度 T_B 的确定

钢丝从加热炉出来进入铅槽冷却，发生奥氏体分解。由于铅浴温度会强烈影响钢丝在铅槽中的冷却和组织转变，为此，正确选择铅浴温度是使钢丝经铅淬火后获得均匀的索氏体的重要条件。

A　铅浴温度的确定

铅浴温度的选择取决于钢丝的含碳量和其他元素的含量以及钢丝的直径大小。

对亚共析钢来说，铅浴温度的选择与钢的含碳量和含锰量有关。因为亚共析钢中随含碳量和含锰的增加，奥氏体的稳定性增强。当钢中含碳量（或含锰量）减少时，奥氏体稳定性相对减弱，故在冷却过程中奥氏体将在较高温度下转变，容易析出先共析铁素体（含碳量越低，先共析铁素体析出可能性越大）。为此，应适当降低铅液温度，借以增加钢丝在铅槽中的冷却速度，使其尽可能达到临界冷却速度，以避免（或减少）先共析铁素体的出现，以得到均匀一致的索氏体组织。通常含碳量每减少0.1%，铅浴温度降低约10℃。对于高碳钢丝，因为过冷奥氏体较稳定，冷却过程中不易（或不会）析出先共析铁素体，因此可取较高的铅浴温度。

对于钢丝直径的影响，总的来说，钢丝直径增大，铅浴温度应降低。其主要原因如下：

（1）在连续式钢丝铅淬火时，钢丝直径越大，则带入铅浴中的热量越多，造成铅浴温度梯度越大，即靠近加热炉处0.5~1.0m的过热区温度越高（生产粗钢丝当铅槽无循环铅液或降温措施时，该处温度可高达700~800℃）。这样势必会减慢钢丝在铅浴中的冷却速度，造成奥氏体在较高温度下转变。

（2）粗钢丝在铅槽中散热较困难。因为当直径增加，虽然钢丝表面积与直径成正比增加，但钢丝需要散发给铅液的热量增大更多。因为钢丝含的热量与钢丝直径的平方成正比（即与钢丝体积成正比），故必将降低钢丝在铅槽中的冷却速度。

综上所述原因，钢丝直径增大时，可采取降低铅浴温度（以及提高钢丝加热温度）的办法，来提高铅浴的冷却能力。

计算铅浴温度的经验公式如下：

$$T_B = 445 - 40\arctan\frac{D - 1.25}{1.75} + 100w(C) \tag{2-9}$$

式中　　　　T_B——铅浴温度，℃；

　　　　$w(C)$——钢丝含碳量，%；

　　　　D——钢丝直径，mm；

$\arctan\dfrac{D - 1.25}{1.75}$——以弧度表示的角度。

该式适用于高线温、低铅温、快车速的热处理工艺制度。

在连续热处理马弗炉中，由于不控制加热气氛，且热处理速度缓慢，线温不许过高（以防止氧化和脱碳），故选用铅温比式（2-9）计算结果高20~40℃。对于含碳量（质量分数）在0.4%~0.9%的碳素钢丝的铅淬火，铅液温度取450~550℃。

B　铅浴温度对钢丝性能的影响

我们知道，铅等温温度的高低直接影响钢的组织与性能，主要是通过改变珠光体片层间距的大小和先共析铁素体的量来实现的。因此，改变铅液温度，就会使钢丝铅淬火的性能发生变化。

一般说来，铅淬火时的铅浴温度越低，钢丝抗拉强度越高，如图2-4所示。图中所示$w(C)$为0.6%，直径5.5mm钢丝，铅液温度与抗拉强度的关系。对弯曲、扭转的影响是：铅浴温度越高，弯曲值越低、扭转值越高；铅浴温度越低，弯曲值越高、扭转值越低。

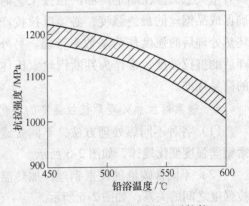

图2-4　铅浴温度与热处理后抗拉
强度的关系

2.1.2.4　在铅时间的确定

钢丝在铅浴中停留的时间必须大于奥氏体分解所需时间，否则奥氏体等温转变不完全，残留的过冷奥氏体在钢丝离开铅槽以后，将在低温时转变为马氏体。于是，铅淬火后的钢丝将出现脆性，不能进行拉拔。为此钢丝在铅时间常大大超过奥氏体完全分解时间，以防止马氏体的出现。

例如直径 1mm 钢丝，若其奥氏体完全分解时间需要 2.5s 时，通常考虑其在铅池时间至少应不小于 10s，以防止意外事故（如工艺参数波动或化学成分不均等）而造成奥氏体分解不完全。影响奥氏体等温转变时间的因素有：

（1）钢的成分。几乎所有的合金元素（除钴以外），都会增加钢的奥氏体稳定性，从而延缓奥氏体的分解时间。

（2）铅浴温度。铅浴温度在 450~550℃ 之间，奥氏体分解所需的时间，随铅浴温度的升高而缩短，其中分解最短时间在铅温为 500~550℃。

（3）奥氏体的实际晶粒度。钢丝进入铅槽时，奥氏体的实际晶粒度大小，也会影响奥氏体的分解速度。晶粒越大，奥氏体越稳定，分解速度越慢，在铅时间应越长。

奥氏体的实际晶粒度与钢的加热温度、保温时间、钢的冶炼方法有关。

钢丝的加热温度若超过 A_{c3} 点以上越多，会使奥氏体的实际晶粒度越粗大，从而会使奥氏体转变时间延缓。

综上所述，$w(C) = 0.4\%~0.9\%$ 的碳素钢丝，当不含有延缓奥氏体分解的元素时，其奥氏体完全分解的时间约在 15s 以内。实际生产中，为了提高热处理速度，及考虑防止意外的因素，铅槽一般设计的较长，以确保钢丝在铅时间。

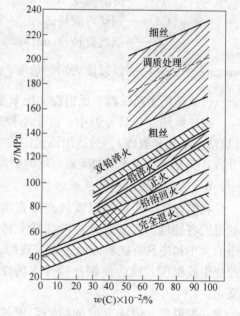

图 2-5　不同热处理方式碳素钢丝的含碳量（质量分数）与抗拉强度的关系

2.1.2.5　钢丝热处理后抗拉强度的确定

碳素钢丝热处理后的抗拉强度对钢丝的拉拔具有重大意义。在制定产品的拉拔工艺时，为了确保成品钢丝的最终强度，必须以拉拔产品的线坯热处理后的强度作为基数来考虑。另外，热处理后的抗拉强度，常作为判断钢丝索氏体化质量的简易标准。

A　碳素钢丝热处理后抗拉强度的变化规律

（1）各种不同热处理方法，不同含碳量的碳素钢丝强度变化规律，如图 2-5 所示。

（2）不同含碳量的碳素钢丝，加热温度与抗拉强度之间的关系，如图 2-6 所示。

（3）铅浴温度与铅淬火钢丝的抗拉强度的关系，如图 2-4 所示。

B　热处理后钢丝抗拉强度的经验计算公式

钢丝铅淬火后的抗拉强度经验公式很多，较简易的有：

$$\sigma_b = [50 + 100w(C)]K_d \qquad (2\text{-}10)$$

$$\sigma_b = [35 + 110w(C)]K_d \qquad (2\text{-}11)$$

$$\sigma_b = [30 + 110w(C) + 15w(Mn)]K_d$$
$$(2\text{-}12)$$

$$\sigma_b = 53 + 100w(C) - D \qquad (2\text{-}13)$$

式中　σ_b——钢丝铅淬火的抗拉强度，kg/mm^2；

　　$w(C)$——钢丝含碳量，%；

　　$w(Mn)$——钢丝含锰量，%；

　　K_d——线径系数，在 0.97~1.12 之间；

　　D——钢丝的直径，mm。

式（2-10）、式（2-13）适合于高碳钢丝，式（2-11）适合于低碳钢丝，式（2-12）适用于不同含碳量的碳素钢丝。

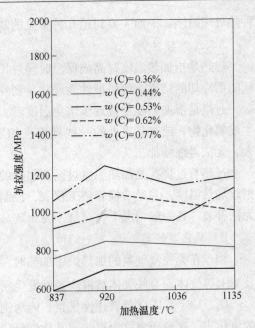

图 2-6　不同含碳量的钢丝抗拉强度与加热温度的关系（460℃铅淬火）

2.1.2.6　热处理钢丝产量的计算

在生产计划安排中，往往要考虑热处理炉的小时产量，在已知钢丝直径、收线速度和烧线根数的条件下，钢丝产量是容易计算出来的。

单根钢丝小时产量的计算：

$$q = \frac{V \times 60 \times 100 \times \pi \times \left(\dfrac{D}{20}\right)^2 \times 7.8}{1000} \qquad (2\text{-}14)$$

式中　q——单根钢丝小时产量，kg/h；

　　V——钢丝速度，m/min；

　　D——钢丝直径，mm；

　　7.8——钢的密度，g/cm^3。

简化后可得

$$q = 0.37D^2V \qquad (2\text{-}15)$$

如果同时处理线的根数为 m，则炉子小时产量为 Q，$Q = mq(kg/h)$。

2.1.3　钢丝热处理常见的缺陷和防止办法

钢丝在热处理过程中，由于工艺或操作不当，其他偶然的原因（如停电、炉子损坏等）等，会造成各种热处理的缺陷，下面分别叙述各种热处理缺陷产生的原因及其防止的方法。

2.1.3.1　钢丝的各种热处理常见缺陷及防止方法

钢丝热处理是通过加热、保温和冷却过程来实现的。在加热、冷却过程中容易产生各种热处理缺陷。下面主要讨论几种常见的缺陷。

A　过热与过烧

过热是指加热温度过高或保温时间过长，致使奥氏体晶粒显著粗化的现象。过热的钢丝随后冷却的结果，使机械性能恶化，韧性极低。

过烧是指加热温度接近于熔化温度时，由于温度过高，其表层沿晶界处被氧气侵入而生成氧化物，或在晶界处的一些低熔点相发生熔化现象。过烧后，其强度很低，脆性很大，无法再继续加工。

过热与过烧都是加热温度过高而引起的。因此，其预防方法为：严格按工艺规程控制钢丝加热温度，并经常检查热工仪表，控制炉温。钢丝的过热可通过正火来消除，过烧则无法补救。在一般情况下，过烧不易出现。

B　氧化与脱碳

钢丝在无控制气氛的加热炉中加热时，由于炉内含有 CO、CO_2、H_2、N_2、H_2O、O_2 以及 CH_4 等气体，有些气体与钢丝表面发生反应，会使钢丝表面产生氧化和脱碳。

O_2、CO_2 和 H_2O 等氧化性气氛，能与钢中的铁起化学反应，使钢丝表面形成一层松脆的氧化皮，这种现象称为氧化，其化学反应如下：

$$2Fe + O_2 \longrightarrow 2FeO$$

$$Fe + CO_2 \longrightarrow FeO + CO\uparrow$$

$$Fe + H_2O \longrightarrow FeO + H_2\uparrow$$

钢丝表面氧化不仅损耗金属，而且在酸洗时会增加酸耗，故在热处理时应尽量减少表面氧化皮的生成量。

CO_2、H_2O、O_2 和 H_2 等能与钢中表层的碳结合，形成气体，使钢丝表面的碳被烧掉，这种现象称为脱碳。产生脱碳的化学反应如下：

$$2C + O_2 \longrightarrow 2CO$$

$$C + CO_2 \longrightarrow 2CO$$

$$C + H_2O \longrightarrow CO + H_2$$

$$C + 2H_2 \longrightarrow CH_4$$

参加化学反应的碳是渗碳体中的碳。脱碳的结果，钢丝表面的含碳量降低，使其表面硬度和耐磨性下降，并降低它的疲劳强度。为了防止钢丝表面的氧化与脱碳，除控制炉气外，常采用有保护性气氛的无氧化加热炉加热等方法。

2.1.3.2　钢丝索氏体化处理的常见缺陷及其防止方法

在钢丝索氏体热处理过程中，除发生上述常见热处理缺陷外，尚经常出现如下的几种热处理缺陷。

A　钢丝抗拉强度值很低，且拉拔时承受冷变形能力差

主要是因为先共析铁素体析出过多造成的。其产生原因主要有：

（1）加热温度过低，或在炉时间不足，奥氏体转变不完全、不稳定，从而在索氏体化处理后，有着大量铁素体存在；

（2）钢丝直径粗大，且铅液温度较高，造成冷却速度过慢，使先共析铁素体析出量过多。

其防止办法是：严格控制线温和铅浴温度，粗规格钢丝铅淬火，应在铅槽靠加热炉端的过热区采取降温措施，并控制热处理线速度等。

B 钢丝脆断

在生产小直径钢丝时，常易出现马氏体线段引起脆断。例如在正火时，由于线温过高，奥氏体非常稳定，或冷却过快（如室温偏低）；或铅淬火时钢中含有较多的延缓奥氏体转变的合金元素，造成钢丝在铅槽中停留时间不够。或沸水淬火时，操作不当，造成冷膜提前破裂。在上述情况下均会造成钢丝出现马氏体线段，引起钢丝脆断。

C 钢丝挂铅

铅淬火后钢丝表面局部黏着铅，即为挂铅，黏着的铅和它所覆盖的铁皮，在酸洗时不易除去，拉拔时则留在模孔内，易使钢丝表面拉毛；同时，在拉拔时，由于铅在模口的不断积累，会形成一团铅锥体，将模口堵住，带不进润滑剂，造成钢丝表面质量不好，甚至钢丝被拉断；如果是镀锌钢丝，挂铅的地方不易镀上锌层。

产生挂铅的原因，主要是：

（1）钢丝存放过久，表面锈蚀严重；

（2）磷化涂层处理的线，由于磷化膜较厚，经拉拔、铅淬火处理，磷化膜聚集，故钢丝表面粗糙；

（3）钢丝加热温度过高，或在炉内停留时间过长，或炉内氧化气氛严重等引起钢丝表面氧化铁皮过厚、过多，表面粗糙；

（4）铅槽压线辊不光滑，表面拉出了许多沟槽没有及时更换，在处理钢丝时将钢丝表面刮伤；

（5）在铅槽表面未覆盖木炭粉等防止铅液氧化的物质或覆盖不良，使铅液产生较为稠粘的氧化铅薄层，它容易附着在钢丝表面上；

（6）铅液温度过低（如电加热铅液时，电气出故障），铅液黏度很大。

上述种种原因均会造成钢丝表面挂铅。

为此，在生产过程中应严格控制线温，铅温和热处理速度，并在钢丝进入铅槽处用木炭粉覆盖好，使钢丝不直接与空气接触；铅槽应经常保持清洁，铅槽表面经常掏渣；经常检查压辊，定期更换；避免铅淬火钢丝原料用磷化涂层处理等，以防止产生挂铅现象。

D 钢丝通条性能不均匀

热处理后，有时出现钢丝通条性能不均匀，经拉拔后局部出现强度值低、弯曲值低或脆性，而钢丝通条力学性能均匀一致是制绳钢丝及其他钢丝对钢丝性能的基本要求，这首先需要热处理后钢丝通条性能均匀一致才有可能实现。

在连续式索氏体化处理钢丝时，有时发生通条性能不均匀的原因，多为卷线机发生故障而临时停车；或下线时，操作不熟练而停车下线；或断线时更新带头以及工艺参数（线温、铅温）波动；电加热时电压波动等原因引起。

在上述情况下，炉子出口处到铅槽之间的一段钢丝，有可能在进入铅液前冷却到 A_{r1} 以下的温度，故使奥氏体转变成先共析铁素体与珠光体组织，以后该段钢丝经过铅液时，不可能再发生组织转变。为此，部分线段具有铁素体与珠光体组织，经拉拔后其力学性能远比其他线段为差，当变形能力较大时，该线段的弯曲值较低，呈现脆性。此外，在铅槽中停留的那段钢丝，往往由于在铅槽中停留时间较长，会发生碳化物聚集长大（高碳钢丝尤为严重）而使力学性能恶化。

为了防止钢丝通条性能不均匀，应严格控制线温、铅温和车速，应尽量减少其波动；在下线操作时，必须做到不影响钢丝的正常运行速度，即不可延长钢丝在炉或在铅时间；当发生设备或操作事故而造成停车时，其停车时间不许超过该类钢丝所规定的在炉时间的10%，否则，应将在炉中及铅槽中的一段剪掉丢弃。

2.1.4　热处理—酸洗—涂层连续作业线

热处理、表面准备是钢丝生产的必要环节。钢丝热处理—酸洗—涂层连续作业线，如图2-7所示。

钢丝通过热处理—酸洗—涂层连续作业线处理后，不仅使钢丝在磷化处理前得到了一个完全洁净的表面，同时还可以满足高速磷化生产的需要，保证了经过在线处理后获得了细而致密的厚磷化膜，为后续高速拉丝提供了保证。下面分别介绍一下该生产过程的两大要素。

图 2-7　钢丝热处理—酸洗—涂层连续作业线

（1）热处理是钢丝生产的第一大要素。热处理是使钢丝内在组织上为拉拔提供良好的塑性和使成品获得所要求的力学性能。

对盘条（原料）或钢丝加热主要目的有 4 个：一是索氏体化（细化晶粒），提高抗拉强度，增加韧性和延展性；二是球化退火，得到合理的显微组织，增加塑性和延展性；三是再结晶退火，使变形晶粒重新结晶为均匀的等轴晶粒，消除冷加工硬化，有利于再次冷加工；四是软化退火，无显微组织变化，仅仅是消除加工应力，满足力学要求（多用于成品钢丝）。

（2）表面处理是钢丝生产的第二大要素。表面处理是钢丝表面上净化与涂敷润滑层，使拉拔得以顺利进行，并为提高拉丝速度创造有利条件。

表面处理有 4 个程序：一是去除热处理产生的氧化皮（氧化膜）；二是中和，目的是防止残留酸性物质对钢的基体产生腐蚀；三是涂层，为增加载体保证润滑，有利于冷加工变形，确保钢丝表面质量；四是去除表面有害杂质（包括去涂层），确保钢丝无腐蚀，表面光滑洁净。

热处理—酸洗—涂层连续作业线，经过多年来实践证明，这一工艺较间歇式的作业方式具有许多优点，主要体现在生产效率的提高。

连续作业线及结构：由于热处理—酸洗—涂层连续作业，只是将热处理和酸洗两个工序有机地结合起来，因而所遵循的理论与间断式操作仍然是一致的。

钢丝热处理连续作业线的主要炉型结构有两种：

（1）电接触加热→铅淬火→酸洗→磷化连续作业线。

（2）明火加热炉→铅淬火→酸洗→磷化连续作业线。

此外，按照连续机组上的涂层性质不同，又可分为连续涂硼砂、水玻璃、镀紫铜、镀青铜等。

这些连续作业线在国内已大量应用于实际生产中。下面以国内的热处理—酸洗—涂层连续作业线为例进行介绍。

2.1.4.1 适用于线材、半成品拉制的酸洗方法

现以线材为例，叙述几种常用酸洗工艺。至于经过热处理的半成品，一般不另行剥壳去锈即直接进入酸洗。其他操作顺序则与线材相同。

（1）以剥壳、上石灰糊为主的酸洗工艺，其工艺流程为：

线材→剥壳去锈→酸洗→水洗→高压水冲洗→上油脂石灰糊→干燥

这种工艺过去应用很广，适用于普碳钢丝、结构钢丝、钢芯铝绞线钢丝、一般弹簧钢丝的毛坯和半成品的拉拔。缺点是粉尘多，已有被其他酸洗工艺取代的趋势。

（2）以剥壳、锈化为主的酸洗工艺，其工艺流程为：

线材→剥壳去锈→酸洗→水洗→高压水冲洗→锈化→沾薄石灰水→干燥

此种拉丝粉尘较少，是目前采用较多的一种。它适用于普碳钢丝、结构钢丝、制绳钢丝、钢芯铝绞线钢丝、一般弹簧钢丝等的毛坯和半成品的拉拔。有的单位还省去锈化工序，冲洗后直接沾灰。

（3）以剥壳、磷化为主的酸洗工艺，其工艺流程为：

线材→剥壳去锈→酸洗→水洗→高压水冲洗→磷化→冲洗→皂化→干燥

有的单位将此种工艺用于一般弹簧钢丝的毛坯和半成的拉拔。但在热处理时，仅适用于电接触炉，而不适用于燃料热处理炉，因其会引起马弗砖炉孔的堵塞（电接触炉则无此问题）。

此种工艺并不适用于毛坯的酸洗，对于粗规格的线材，由于拉拔后残留的磷化层较厚，还会引起挂铅，尤其不利于高级钢丝，并且成本较高。

（4）以正火、锈化为主的酸洗工艺，其工艺流程为：

线材→正火→酸洗→水洗→高压水冲洗→锈化→沾薄石灰水→干燥

这种工艺与上述不同，它不剥壳去锈而需经过正火，适用于较高强度弹簧钢丝的毛坯和其他钢丝半成品的拉拔。

2.1.4.2 适用于成品前钢丝的酸洗工艺

成品前钢丝，一般指最后一道热处理的钢丝。

（1）以石灰糊涂层为主的酸洗工艺，其工艺流程为：

热处理钢丝→酸洗→水洗、高压水冲洗→浸涂油脂石灰糊→干燥

这种酸洗工艺仍广泛用于普碳钢丝和一般中碳钢丝成品的拉拔。

（2）以硫酸铜涂层为主的酸洗工艺，其工艺流程为：

热处理钢丝→酸洗→水洗冲洗→浸涂硫酸铜→冲洗→中和→干燥

此种工艺适用于普碳钢丝、一般中碳钢丝和普通弹簧钢丝成品的拉拔，但不适用于表面镀锌的钢丝。

（3）以磷化涂层为主的酸洗工艺，其工艺流程为：

　　　　热处理钢丝→酸洗→水洗、冲洗→浸涂磷化层→水洗、冲洗→皂化→干燥

　　这种酸洗工艺能得到良好的拉拔表面，适用于中碳以上钢丝和高强度弹簧钢丝等成品的拉拔。磷化层的厚度根据拉拔道次而定。

　　钢铁零件一般在 10%～20%（体积分数）硫酸溶液中酸洗，温度为 40℃。当溶液中含铁量超过 80g/L，硫酸亚铁超过 215g/L 时，应更换酸洗液。常温下，用 20%～80%（体积分数）的盐酸溶液对钢铁进行酸洗，不易发生过腐蚀和氢脆现象。由于酸对金属的腐蚀作用很大，需要添加缓蚀剂。清洗后金属表面成银白色，同时钝化表面，提高不锈钢抗腐蚀能力。采用浓度为 5%～20% 的硫酸水溶液，清除工件表面氧化皮和黏附盐类的工艺称为硫酸酸洗法。

　　为了消除硅藻土载体表面吸附，减少色谱峰拖尾，载体在使用前需进行酸洗或碱洗处理。酸洗是把载体用 6mol/L 盐酸浸煮 2h 或浓盐酸加热浸煮 30min，过滤，用水洗至中性，烘干。酸洗可除去表面上的铁、铝、钙、镁等杂质，但不能除去硅醇基。酸洗载体适宜于分析酸性样品。

2.1.5　钢丝热处理设备

2.1.5.1　常用筑炉材料

A　常用耐火材料

a　钢丝热处理炉对耐火材料的要求

　　耐火材料是炉子设备的主要砌筑材料，能抵抗高温作用而不失去建筑强度，并能抵抗由高温所引起的物理和化学作用的材料叫做耐火材料。对耐火材料的要求：

　　（1）在高温下不熔化和不软化。

　　（2）在高温下能承受一定的压力和机械负荷而不变形。

　　（3）在高温下长期使用应保持一定的体积稳定性。

　　（4）当温度急剧变化时不致破裂和剥落。

　　（5）具有足够的强度和抗磨性能，能承受高速火焰、烟尘的冲刷及金属的摩擦撞击等。

　　（6）为了保证砌筑质量，要求外形和尺寸正确。

　　（7）价格低廉、便于贮放。

　　到目前为止，还没有任何一种耐火材料能全部满足上述要求，因此，应了解各种耐火材料的基本性能，以便正确地选择和使用耐火材料。

b　耐火材料分类

　　耐火材料种类很多，可以从不同角度进行不同分类：

　　（1）按耐火温度分。普通耐火材料，耐火温度一般为 1580～1770℃；高级耐火材料，耐火温度一般为 1770～2000℃；特级耐火材料，耐火温度一般为 2000～3000℃。

　　（2）按形状和尺寸分为：普通型（即标准砖）砖、异型砖和特异型砖。

　　（3）按耐火基体的化学-矿物组成分：

　　1）硅酸铝质制品。包括：黏土质耐火制品 $[w(SiO_2) \geqslant 65\%，w(Al_2O_3) = 35\% \sim 48\%]$；高铝砖 $[w(Al_2O_3) > 48\%]$；半硅砖 $[w(SiO_2) > 65\%，w(Al_2O_3) < 30\%]$。

2) 硅质制品。包括硅砖 [$w(SiO_2) \geq 93\%$]、熔融石英 [$w(SiO_2) > 99\%$]。

3) 镁质制品。包括镁砖、镁铝砖、镁橄榄石砖、白云石质制品。

4) 炭质制品。包括灰砖、石墨制品、碳化硅制品。

5) 特种耐火材料。包括高温陶瓷材料、金属陶瓷材料。

我国制品行业常用耐火材料为黏土质耐火制品，常用标准型砖和异型砖（如马弗砖），因为钢丝热处理炉的加热温度一般不超过 1300℃，用黏土质耐火制品已完全能满足生产要求。

B 常用保温材料

保温材料又称隔热材料，分为高温隔热材料（工作温度高于 1200℃）、中温隔热材料（工作温度低于 1200℃）、低温隔热材料（工作温度低于 900℃）。一般指的保温材料是指中温和低温隔热材料。

保温材料的种类很多，有的作成散状填料、有的作成隔热制品使用，常用的品种有：

（1）硅藻土质隔热材料。硅藻土是松软多孔的矿物，其主要成分是非晶体 SiO_2。硅藻土砖就是以硅藻土为原料，经润湿混合，制坯、成型、干燥，烧成的制品称为硅藻土砖。硅藻土不是耐火材料，使用时不能直接和火焰接触，低于 1000℃时它的隔热效果好。

（2）石棉。石棉隔热材料可以是粉状，也可以制成石棉纸、石棉布、石棉板或石棉绳使用。石棉在松散状况下，容重和导热性都较小，耐热性良好、耐热度长时间使用可到 700℃，高温下不燃烧，耐碱性强，耐酸性弱。

（3）矿渣棉。熔融的冶金矿渣从炉中流出时（或者直接利用高炉流出的熔融矿渣）用高压蒸汽喷射使成雾状后，迅速在空气中冷却而制成的人造矿物纤维。它具有容重轻，导热系数低，吸温性小和不燃烧等特点。当堆积过厚或受震动时，易被压实，使容重增加，隔热性能变差。

（4）蛭石。俗称黑云母或金云母，具有一般云母的外形，易于制成薄片，内含 5%~10% 的水分，受热后水分迅速蒸发，而生成膨胀蛭石。蛭石一般在 200℃ 即开始膨胀，到 800℃ 时膨胀达最大值，体积增大十多倍，体积密度为 $0.08 \sim 0.22\text{g/cm}^3$，因此导热系数小，是一种良好的隔热材料。允许使用温度为 1000℃，可以直接倒入炉壳和炉衬之间隔热，或用高铝水泥、水玻璃或沥青作结合剂制成各种制品。

（5）高温超轻质珍珠岩制品。高温超轻质珍珠岩制品是以膨胀珍珠岩为主要材料，以磷酸铝、硫酸铝和纸浆废液为结合剂，按一定比例混合，经成型、干燥、烧成等工序而成的制品。

2.1.5.2 钢丝热处理炉

A 对炉子的基本要求

钢丝热处理大部分采用连续式热处理炉，也有部分采用间歇炉的，如井式退火炉等。钢丝热处理设备一般包括加热设备、淬火设备、回火设备。

对钢丝热处理的加热炉子，一般有以下基本要求：

（1）结构简单合理，易于修建，便于操作，使用寿命长，不需雾经常停炉检修。

钢丝热处理加热炉，国内大多用明火加热炉、直接导电加热炉两种。至于沸腾粒子加热炉、盐浴加热炉，目前还较少采用。

这两种炉子结构均较为简单，易于修建，操作也方便，使用寿命也较长。

（2）燃料燃烧充分、完全，热效率较高，节约能源，温度易于调节。钢丝热处理加热炉可以采用固体燃料（如煤）、液体燃料（如重油）、气体燃料（如煤气、天然气，液化气）、电能等加热。

要使燃料充分燃烧，炉子的结构必须合理，烧嘴排列布局适当，燃烧时空气充足，能使燃料与空气充分混合（主要是指液体、气体燃料），保证充分燃烧。明火炉热效率较低，直接导电加热炉热效率最高。

（3）炉子横断面温度分布均匀，边缘与炉子中心温差不宜超过 10~15℃。在前面介绍过，线温的高低对钢丝性能有一定的影响。如果在处理同一种线径钢丝时，线温不均匀，势必造成热处理后性能上有差异，经拉拔后的成品钢丝性能不均匀，这是不允许的，所以加热炉温分布必须均匀。

（4）炉子密封性能好，空气不易进入炉膛，钢丝氧化脱碳少。加热时，钢丝严重氧化脱碳，不仅增加钢丝消耗，而且严重影响钢丝性能，如表面脱碳降低钢丝耐磨性与疲劳强度，降低钢丝使用寿命。

加热炉要密封好，主要在于要砌筑好，砖与砖接缝处要严密。明火炉的炉门要密封。直接导电加热炉的钢丝加热段，要采用保温和防止氧化的措施。

B　钢丝热处理炉的结构特点

钢丝热处理除部分退火炉以外，大多采用连续式热处理炉进行加热。连续加热炉是连续性操作的炉子，即钢丝连续从炉口进入，经过炉膛加热，从出炉口不断地被收线机卷取。其炉温随炉长方向而变化。

连续式加热炉由以下几个基本部分组成：炉子基础和钢结构、炉膛与炉衬、燃料燃烧系统、排烟系统、余热利用装置、冷却系统、装出料设备、检测及调节装置、计算机控制系统等，实物如图 2-8 所示。

a　炉子基础和钢结构

炉子基础将炉膛、钢结构和被加热钢坯的重量所构成的全部载荷传到地面上。一般采用混凝土基础。炉子

图 2-8　连续式加热炉

钢结构是由炉顶钢结构、炉墙钢结构和炉底钢结构的一个箱形框架结构，用以保护炉衬和安装烧嘴。水梁、立柱及各种炉子附件的固定主要由型钢和钢板组成。

b　炉膛与炉衬

炉膛是由炉墙、炉顶和炉底围成的空间，是对钢坯进行加热的地方。炉墙、炉顶和炉底通称为炉衬，炉衬是加热炉的一个关键技术条件。再加热炉的运行过程中，不仅要求炉衬能够在高温和载荷条件下保持足够的温度和稳定性，要求炉衬能够耐受炉气的冲刷和炉渣的侵蚀，而且要求有足够的绝热保温和气密性能。为此，炉衬通常耐火层、保温层、防护层和钢结构几部分组成。其中耐火层直接承受炉膛内的高温气流冲刷和炉渣侵蚀，通常采用各种耐火材料经砌筑、捣打或浇筑而成；保温层通常采用各种多孔的保温材料经砌筑、敷设、充填或粘贴形成，其功能在于最大限度地减少炉衬的散热损失，改善现场操作条件；防护层通常采用建筑砖或钢板，其功能在于保持炉衬的气密性，保持多孔保温材料形成的保温层免于损坏。钢结构是位于炉衬最外层的由各种钢材拼焊、装配成的承载框架，其功能在于承担炉衬、燃烧设备、检测设施、检测仪器、炉门、炉前管道以及检测、操作人员所形成的载荷，提供有关设施的安装框架。

（1）炉墙。炉墙分为侧墙和端墙，沿炉子长度方向上的炉墙成为侧墙，炉子两端的炉墙。整体捣打、浇注的炉墙尺寸可以根据需要设计。炉墙采用可塑料或浇注料内衬和绝热层组成的复合砌体结构。为了使炉子具有一定的强度和良好的气密性，炉墙外壁为5mm或6mm厚的钢板外壳。

蓄热式连续加热炉的炉墙上除了设有炉门、窥视门、烧嘴孔、测温孔等孔洞，还有蓄热室和高温通道，所以炉墙要能够承受高温。为了防止砌体受损，炉墙应尽可能避免直接承受附加载荷，所以炉门，冷却水管等构件通常都直接安装在钢材上。

（2）炉顶。加热炉的炉顶按其结构分为拱顶和吊顶两种。现在大多采用可塑料或浇注料内衬和绝热层组成的符合砌体吊顶结构。这种吊顶结构不受炉子跨度的影响且使用寿命长。

（3）炉底。炉底一般采用砖砌复合结构，高温炉底还要承受炉渣的化学侵蚀。

c 供热与排烟系统

（1）煤气管道。煤气进车间后设有专用煤气操作平台，煤气总管上一般配有双偏心金属硬密封蝶阀、手动或自动眼镜阀、气动快速调节切断阀各一套。煤气总管上还装有流量孔板和温度、压力测量点，其信号分别送到加热炉仪表及采集站。煤气总管最低点设置连续排水系统装置。煤气从总管送至隔断分管，再经由流量孔板、气动调节阀，供给相应控制段的烧嘴。每个烧嘴前都设置一道双偏心金属硬密封蝶阀，用于煤气流量平衡分配调节。在每段煤气管的末端，下部设置排污阀，侧部设置一个煤气取样阀，以排除煤气管道内的积水和开炉时的取样。

设有吹扫放散系统。开炉时用氮气吹扫煤气管道中的空气，防止通入煤气时，煤气与管道中的空气混合；停炉时吹扫煤气管道中的煤气，防止管道存留煤气逸出。吹扫气体通过放散热管排至厂房外，放散管一般应高出附近10m内建筑物通气口4m，距地面高度不低于10m。

（2）空气管道。助燃空气由鼓风机供给，经冷风总管、空气换热器、热风总管、各段分管送至加热炉的烧嘴。空气各段分管上分别设有流量孔板、气动调节阀，配合煤气进行比例调节。

为了使空气流量平衡分配，在每一个烧嘴前设有热空气手动蝶阀，以方便调节空气流量。在每一个烧嘴前的支管上均安装不锈钢波纹补偿器。

（3）排烟系统。常规加热炉排烟方式上有上排烟、下排烟和侧排烟，上排烟和下排烟方式能防止炉内烟气的偏流，炉压、炉温分布稳定均匀。根据需要，烟道可布置在地下或地面上，地下烟草不会妨碍交通和地面的操作。烟道内衬一般采用轻质砖砌筑，采用管式钢结构烟道可有效防止地下水且密封性好。烟道设有闸板以调节炉压。

常规加热炉一般采用烟筒自然排烟，烟筒一般为混凝土结构，内衬黏土耐火砖及保温材料。因蓄热式加热炉排烟温度低，使用钢烟筒，采用引风机强制排烟。

d　冷却系统

加热炉的冷却系统是由加热炉炉底的冷却水管和其他冷却构件构成。冷却方式分为水冷却和汽化冷却两种，其中水冷却又分净环水开式和净环水闭式冷却方式两种。

（1）炉底水冷结构。炉底水管承受枉料的全部重量（静负荷），并经受坯料推移时所产生的动载荷。因此，纵水管下需要有支撑结构。炉底水管的支撑结构形式很多，推钢式加热炉一般在高温段用横水管支撑，横水管两端穿过炉墙靠钢架支持，这种结构只适用于跨度不大的炉子。当炉子很宽，上面坯料的负载很大时，需要采用双横水管或回线性横支撑管结构。

进步式两室加热炉水梁和立柱是重要条件，在保证不同长度的坯料在炉内安全运行的前提下，一般纵水梁采用错位梁技术，这样坯料在加热段形式的水管黑印在进入均热段后由于水梁位移而脱离滑道，黑印逐步消失，而坯料在均热段滑道还尚未形成明显的黑印即准备出炉。采用直线滑道的坯料黑印温度为 40~50℃，采用错位梁后坯料黑印温差可以减少 15~20℃。纵向支撑梁采用 20G 厚壁钢管制作的双水管结构，在相同的断面模数下，刚度大管径小，对钢坯的遮蔽系数小，减少水管黑印。支撑梁立柱是用 20G 钢管制作的双层套管。

坯料在纵水梁上按不同的长度范围，定位装载在不同位置。原则上一组长度范围的坯料，定位后无过大跨度、大悬臂，运动时不刮碰其他水梁。

在选择炉底水管支撑结构时，除了保证其他强度和寿命外，应力求简单。这样一方面为了减少水管以减少热损失，另一方面避免下加热空间被占去太多，这一点对下部的热交换和炉子生产率的影响很大。所以现代加热炉设计中，力求加大水冷管间距，减少横水管和支柱水管的根数。

（2）炉底水管的绝热。炉底水管滑管和支撑管加在一起的水冷表面达到炉底面积的40%~50%，带走大量热量。又由于水管的冷却作用，使坯料与水管滑轨接触处的局部温度降低，200~250℃，使坯料下面出现两条水印（黑印）在压力加工时很容易造成废品。例如，轧钢加热炉加热板坯时出现的黑印影响很更大，温度的不均匀可能导致钢板的厚薄不均匀。降低热损失和减少黑印影响的有效措施，就是对炉底水管实行绝热包扎。

2.1.5.3　铅锅

铅锅是钢丝索氏体化处理的重要设备，铅锅结构合理、技术性能良好，对提高钢丝索氏体化处理的质量极为重要。因此，必须重视铅锅的结构和安装，以满足工艺的要求。

A　对铅锅的技术要求

由于铅的比重大，又处于熔融状态下使用，故对铅锅有较高的技术要求，具体要求如下：

（1）铅锅必须具有足够的强度，并不易变形。一个长约 7m，宽 1.6m，高 0.4m 的铅锅，需盛铅 40 余吨，在这样一个体积不大的铅锅中，要盛这样重的铅，就要求铅锅有足够高的强度；而且铅锅中的铅需要加热到 500℃ 以上的温度，在高温高压下，铅锅容易变形，为了保证铅锅有足够高的强度和在高温下不易变形，要求制作铅锅的钢板厚度至少要在 30mm 以上，才能达到这个要求。

（2）铅锅接缝处必须严密，绝对保证不漏铅。由于铅锅是由多块钢板焊接而成的，所以就有多条焊缝，由于铅的密度很大（铅的密度为 $11.4g/cm^3$），又处于高温熔融状态，因此，只要焊缝中有一极小孔洞，熔铅就会很容易流出，孔洞会越来越大。所以，焊接铅锅必须由焊接技术较高的焊工担任，并需经过严格检查。为了保证焊缝牢固可靠，焊口必须开较大的坡口，以保证焊缝的强度。

（3）铅锅升温快。由于生产上的需要，铅锅有时需要透线，有时又不要透线（烧半成品时不经过铅锅）。处理成品线时（索氏体化）希望在较短的时间里，铅温达到工艺规程的要求。这就要求有足够的热量来供给铅液，一个 40 余吨的铅锅，如果是用电来加热，一般需要功率为 80~120kW，如果是用煤气加热，每小时应供给 36 万卡（1504.8kJ）的热量。

（4）整个铅锅中铅液温度均匀。铅温对钢丝性能有较大的影响，如果铅锅中铅温不均匀（中心线两侧或铅锅入口与出口有温差），就会造成钢丝铅淬火性能的不均匀，这对要求性能均匀一致的钢丝是不允许的。因此，在铅锅加热时，必须保证受热均匀。

（5）过热区能冷却。由于高温钢丝带进大量的热量，在铅锅入口区 1m 左右的距离，铅温比规定值要高，这就称为铅锅的过热，它对钢丝热处理后的性能是不利的，为了避免这一缺陷，必须使过热区能得到冷却，使其铅温与规定铅温接近或一致。所以在安装铅锅时，必须考虑并安装过热区的冷却系统。

目前，铅锅过热区的冷却一般采用铅液循环，安装冷却水管，安装冷却水包或采用风冷等措施，均有一定的效果，但以铅液循环效果最佳。

B　铅锅的结构类型

国内采用的铅锅结构均比较简单，常采用的是单层单槽结构，一般采用煤气、天然气、煤或用电管式加热器加热。

这里着重介绍一下具有铅液循环的特性的铅锅，如图 2-9 所示。铅锅为双层结构，铅液由管式电加热器加热，铅液由出口 a 流入铅锅下层，由风机 4 通过入口 b 给冷风到风道，热风由出口 c 排出。使流入下层的热铅液得到冷却，由铅泵 1 抽上送入铅锅上层，使

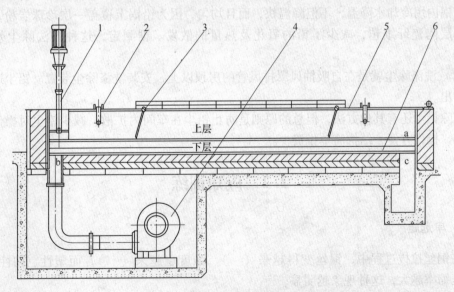

图 2-9　铅液循环冷却铅槽结构图
1—循环铅泵；2—压辊；3—管式加热器；4—冷却风机；5—铅槽；6—风道

铅液均匀一致，并保持在规程规定的铅温范围内。由于铅温均衡一致，铅液表面不需洒水降温，故大大减少了铅的氧化，使铅渣生成量大幅度减少，从而降低了铅的消耗、降低钢丝成本。

这种铅锅较为复杂，一次性投资较高，但由于提高钢丝质量、产量和降低铅的消耗所获得的经济效益使投资能很快收回。

虽然采用电加热（可以自动控制铅温），只是在铅液升温过程中耗电较多，在正常铅淬火时，由于加热的钢丝带进来大量的热量，电加热管时常处于停电状态，故耗电也很少。因此，此种铅锅改用电加热并不会增加多少电能消耗。

C　消除铅尘的措施

由于 500℃ 高温的铅液向外散发出铅蒸气，所以在铅锅上部及周围空气中含有大量的铅尘，大量的吸入铅尘，会造成人体铅中毒，对身体危害极大。

国家规定，凡有铅尘的作业点，铅尘含量不得超过 0.01mg/m^3。如果超过了这一标准，就要积极治理。

采用的除尘措施有密封自吸滤布除尘、自吸洗涤除尘。简介如下：

（1）密封自吸滤布除尘，就是在铅锅上用珍珠岩粉覆盖，并通冷却水降温，铅锅全部密封，采取微负压下的诱导方法，以收集必要的尽量少的气量为原则，通过滤布除尘，借烟囱的吸力将废气排除。

钢丝从连续炉出来后，进入铅锅，在进入铅锅前为防止钢丝氧化、线温降低，需用木炭覆盖，为方便木炭的添加，以及钢丝的测温、拉头等，安装有六块炉前活动盖板，盖板的一侧有一个吸尘孔，通往除尘器，两扇活动盖板是铅锅内第一道压辊的罩，在它下面有一组冷却水管，有两块固定盖板，两扇活动盖板，四块活动尾部盖板，都是为操作方便而设置的。

从整体来说，铅锅是密封的。这种除尘方法，设备简单，投资少，操作方便，除尘效果好，锅内用冷却水降温，不但降温快，而且均匀，因为铅锅上覆盖一层珍珠岩粉，罩内贴上一层陶瓷纤维毡，减少了铅的氧化及热量的散发。据测定，这种方法除尘效果可达 90%。

（2）洗涤除尘就是在自吸抽风罩排风管的房顶以上，安装洗涤除尘装置。铅尘通过洗涤后排出。

消除铅尘还有其他方法，但总的原则是防止铅尘在车间内扩散，减少铅尘对操作工人的危害，操作方便，结构简单投资少。

2.2　应知训练

2.2.1　单选题

（1）在钢丝拉拔过程中，钢丝变得越来（　　）、强度也越来（　　），而塑性、韧性下降；压缩率越大，这种现象越明显。

　　A. 越硬、越高　　　　B. 越软、越低　　　　C. 越硬、越低　　　　D. 越软、越高

（2）一般用途低碳镀锌钢丝热镀锌成功与否，关键是（　　）。

A. 镀前处理　　　　B. 锌锅操作　　　　C. 冷却　　　　D. 收线

(3) 低合金钢中的合金元素总含量低于（　　　）。

A. 3%　　　　B. 10%　　　　C. 4.3%　　　　D. 5%

(4) 生产预应力混凝土用钢丝的线材要具有较多的（　　　）组织。

A. 奥氏体　　　　B. 珠光体　　　　C. 铁素体　　　　D. 索氏体

(5) 下列哪种组织的强度和硬度最高（　　　）。

A. 贝氏体　　　　B. 托氏体　　　　C. 马氏体　　　　D. 珠光体

(6) 碳钢的残余奥氏体分解温度一般为（　　　）。

A. 100～150℃　　　　B. 200～300℃　　　　C. 350～400℃　　　　D. 400～550℃

(7) Fe、C 合金结晶过程发生共晶转变的含碳量范围是（　　　）。

A. 0～6.69%　　　　　　　　　　B. 0.0218%～2.11%

C. 0.0218%～6.69%　　　　　　　D. 2.11%～6.69%

(8) 低碳钢丝调整硬度，便于切削加工采用（　　　）热处理。

A. 完全退火　　　　B. 球化退火　　　　C. 正火　　　　D. 调质

(9) 铁碳合金相图中，共析转变温度为（　　　）。

A. 727℃　　　　B. 912℃　　　　C. 1148℃　　　　D. 1560℃

(10) 生产弹簧钢丝选择下列（　　　）钢。

A. T12　　　　B. 08　　　　C. 40Cr　　　　D. 65Mn

(11) 通过（　　　），可消除加工硬化，利于继续拉拔。

A. 球化退火　　　　B. 再结晶退火　　　　C. 正火　　　　D. 调质处理

(12) 低温回火的温度范围为（　　　）。

A. 150～250℃　　　　B. 250～450℃　　　　C. 300～450℃　　　　D. 200～550℃

(13) 为了提高线材的塑性及消除其组织的不均匀性，可以对盘条进行（　　　）处理。

A. 退火　　　　B. 回火　　　　C. 调质　　　　D. 镀锌处理

(14) 当钢丝以不同速度进行连续加热时，若速度太快，奥氏体未能充分形成，则钢丝强度将会（　　　）。

A. 降低　　　　B. 不变　　　　C. 增加　　　　D. 大幅增加

(15) 正确选择铅浴温度的目的是使钢丝经铅淬火后获得均匀的（　　　）。

A. 马氏体　　　　B. 贝氏体　　　　C. 渗碳体　　　　D. 索氏体

2.2.2　多选题

(1) 钢丝回火处理的目的有（　　　）。

A. 清除不均匀残余应力　　　　　　　B. 增加钢丝的抗拉强度

C. 屈服极限和伸长率增加　　　　　　D. 增大其抗蠕变性能

(2) 钢丝的回火可分为（　　　）。

A. 低温回火　　　　B. 中温回火　　　　C. 高温回火　　　　D. 超高温回火

(3) 将钢丝加热到一定的温度，需要一定的热量，这些热量主要通过（　　　）传递方式获得。

A. 分解　　　　B. 传导　　　　C. 对流　　　　D. 辐射

（4）钢丝加热时间主要与（　　）等有关。

　　A. 钢丝直径　　　　B. 钢丝加热温度　　　C. 炉子的形式　　　　D. 炉温曲线

（5）铅浴温度的选择取决于（　　）。

　　A. 钢丝的含碳量　　B. 铅锅的大小　　　　C. 其他元素的含量　　D. 钢丝的直径

（6）钢丝加热时间与（　　）等因素有关。

　　A. 加热方式　　　　　　　　　　　　　B. 加热温度

　　C. 钢丝的化学成分　　　　　　　　　　D. 钢丝的直径大小及钢本身的导热性能

（7）对亚共析钢来说，铅浴温度的选择与（　　）有关。

　　A. 钢丝的含碳量　　B. 铅锅的大小　　　　C. 钢丝直径　　　　　D. 含锰量

（8）影响奥氏体等温转变时间的因素有（　　）。

　　A. 钢的成分　　　　　　　　　　　　　B. 铅浴温度

　　C. 钢丝直径　　　　　　　　　　　　　D. 奥氏体的实际晶粒度

（9）耐火材料按耐火温度分为（　　）。

　　A. 普通耐火材料　　B. 中级耐火材料　　　C. 高级耐火材料　　　D. 特级耐火材料

（10）钢丝热处理设备一般包括（　　）。

　　A. 加热设备　　　　B. 淬火设备　　　　　C. 回火设备　　　　　D. 调质设备

2.2.3　判断题

（1）钢丝经过冷加工后，具有纤维状组织，随着变形量的增加，这种纤维状组织就会消失。（　　）

（2）一般用途低碳钢丝分类中退火钢丝用 TB 表示。（　　）

（3）加工硬化现象是由于晶格歪扭、晶粒破碎等原因所致。（　　）

（4）合金元素含量高，奥氏体化时，合金元素溶解的时间需要较短。（　　）

（5）钢芯铝绞线用镀锌钢丝在最终热处理后成品拉拔前可以电接头。（　　）

（6）低温回火的作用是经淬火后保持钢丝的高硬度、高强度和耐磨性。（　　）

（7）确保预应力钢绞线具有低应力松弛性能的关键工序是稳定化处理。（　　）

（8）桥梁缆索用热镀锌钢丝应以盘卷状态交货，每卷钢丝可由两根钢丝组成。（　　）

（9）所有合金元素都会加大钢丝拉拔的加工硬化倾向。（　　）

（10）在制定产品的拉拔工艺时，为了确保成品钢丝的最终强度，必须以拉拔产品的线坯热处理后的强度作为基数来考虑。（　　）

（11）高级耐火材料的耐火温度一般为 1770 ~ 2000℃。（　　）

（12）在生产小直径钢丝时，常易出现马氏体线段引起脆断。（　　）

（13）在连续式钢丝铅淬火时，钢丝直径越大，则带入铅浴中的热量越多，造成铅浴温度梯度越大。（　　）

（14）粗钢丝在铅槽中散热较困难。（　　）

（15）钢丝直径增大时，可采取增加铅浴温度的办法，来提高铅浴的冷却能力。（　　）

2.3 技能训练

2.3.1 实训任务 钢丝退火处理

【实训内容】

（1）制定出表 2-2 中所列材料的热处理工艺规范。

（2）然后分组进行热处理操作。

（3）磨制试样，测定经退火处理后试样的硬度值。用金相显微镜观察退火后的金相组织，将测得的硬度值与相应得到的显微组织一起填入实验报告。

表 2-2 退火操作工艺卡

材 料	工艺要求	退火工艺参数				硬度（HB）
		加热温度/℃	等温温度/℃	保温时间/min	冷却方式	
45	完全退火					137～207
20Cr	完全退火					120～164
T12	球化退火					163～207
GCr15	球化退火					207～229

【学习目标】

（1）根据不同成分的钢丝制定相应的退火工艺。

（2）通过退火操作后达到相应的力学性能指标。

（3）技能实作指标：

1）根据热处理工艺要求制定退火加热温度或等温温度、保温时间、冷却速度等工艺参数；

2）采用热处理装置对不同材质、规格的钢丝进行退火操作；

3）操作洛氏硬度计正确测量热处理后钢丝的硬度值。

2.3.2 实训任务 钢丝正火处理

【实训内容】

（1）制定出表 2-3 所列材料的热处理工艺规范。

表 2-3 正火操作工艺卡

材 料	工艺要求	正火工艺参数			硬度（HB）
		加热温度/℃	保温时间/min	冷却方式	
45	正火				170～217
20Cr	正火				143～197
T12	正火				269～341
GCr15	正火				270～390

（2）然后分组进行热处理操作。

（3）磨制试样，测定经热处理后试样的硬度值。用金相显微镜观察正火后的金相组织，将测得的硬度值与相应得到的显微组织一起填入实训报告。

【学习目标】

（1）根据不同成分的钢丝制定相应的正火工艺。

（2）通过正火操作后达到相应的力学性能指标。

（3）技能实作指标：

1）根据热处理工艺要求制定正火加热温度或等温温度、保温时间、冷却速度等工艺参数；

2）采用热处理装置对不同材质、规格的钢丝进行正火操作；

3）操作洛氏硬度计正确测量热处理后钢丝的硬度值。

2.3.3　实训任务　钢丝等温淬火处理

【实训内容】

（1）制定出表 2-4 所列材料的热处理工艺规范。

（2）然后分组进行热处理操作。

（3）磨制试样，采用金相结合硬度法测定经热处理后试样的索氏体化率。用金相显微镜观察调质后的金相组织，将测得的索氏体化率与相应得到的显微组织一起填入实训报告。

表 2-4　钢丝等温淬火处理操作工艺卡

材　料	钢丝规格/mm	等温淬火处理工艺参数					最终组织
		加热炉加热温度/℃	加热炉保温时间/min	铅锅加热温度/℃	铅锅保温时间/min	DV 值	
40Cr	5.0						索氏体
82B	7.1						索氏体
60Si2Mn	8.5						索氏体

【学习目标】

（1）根据不同成分的钢丝制定相应的等温淬火工艺。

（2）通过热处理操作后达到相应的组织要求。

（3）技能实作指标：

1）根据热处理工艺要求编制等温淬火工艺参数，作出等温淬火工艺曲线图；

2）选择热处理装置，并对不同材质、规格的钢丝进行等温淬火操作；

3）研磨试样，利用金相显微镜观察金相组织，利用定量金相软件测出索氏体化率。

2.3.4　实训任务　钢丝调质处理

【实训内容】

（1）制定出表 2-5 所列材料的热处理工艺规范。

（2）然后分组进行热处理操作。

（3）磨制试样，测定经热处理后试样的硬度值。用金相显微镜观察调质后的金相组织，将测得的硬度值与相应得到的显微组织一起填入实训报告。

表 2-5 钢丝调质处理操作工艺卡

材料	工艺要求	调质工艺参数			硬度（HRC）
		加热温度/℃	保温时间/min	冷却方式	
45	调质				22 ~ 33
20Cr	调质				28 ~ 35

【学习目标】

（1）根据不同成分的钢丝制定相应的调质工艺。

（2）通过调质操作后达到相应的力学性能指标。

（3）技能实作指标：

1）根据热处理工艺要求制定调质加热温度或等温温度、保温时间、冷却速度等工艺参数；

2）采用热处理装置对不同材质、规格的钢丝进行调质操作；

3）操作洛氏硬度计正确测量热处理后钢丝的硬度值。

模块3　钢丝的拉拔

【知识要点】

(1) 塑性变形理论。

(2) 拉丝生产中的主要参数计算。

(3) 影响拉拔的工艺因素。

(4) 拉拔时钢丝性能的变化。

(5) 拉丝缺陷。

(6) 拉丝配模。

【技能目标】

(1) 会计算拉丝生产中的主要参数。

(2) 能操作拉丝机进行生产，会进行缺陷分析。

3.1　知识准备

3.1.1　钢丝拉拔时受力分析

可塑性是金属材料的基本属性，当金属材料承受的外力超过一定限度就会产生塑性变形，塑性变形的起点和深度取决于外力状况和金属的组织结构。把丝材穿过拉丝模拉拔，丝材承受一向拉伸应力、两向压缩应力，其截面在压缩应力作用下均匀减少，长度方向在拉伸应力作用下不断伸长，实现冷加工塑性变形。拉拔时丝材在模孔变形区所承受的外力有三种：

(1) 拉拔力（正作用力，用 P 表示）。拉拔力是拉丝机加在丝材出模孔端的轴向拉力，它在丝材内部产生拉应力，并使丝材沿轴线方向通过模孔，完成拉拔过程。

(2) 正压力（模孔壁的反作用力，用 N 表示）。当丝材受拉拔力（P）作用向前运动时，模孔壁产生阻碍丝材运动的反作用力（N），因为它的方向是垂直于模孔壁的，故称为正压力。正压力在丝材内部产生主压应力，其数值大小取决于丝材的减面率大小和模孔几何形状、尺寸等。

(3) 摩擦力（附加切应力，用 T 表示）。拉拔时模孔壁与丝材表面之间产生摩擦，由于正压力作用，就产生摩擦力。摩擦力方向总与丝材运动方向相反，与模孔壁成切线方向。摩擦力在丝材内部产生附加切应力，其数值大小与丝材及模孔的表面状况，润滑条件及拉拔速度等有关。

3.1.2 建立拉拔过程的条件

拉拔力 P 与金属从模具变形区引出时的横断面积 F_K 之比称为拉拔应力，常以 p 来表示。

$$p = \frac{P}{F_K} \quad (\text{N/mm}^2)$$

为了使拉拔过程顺利进行，拉拔应力 p 必须小于金属从变形区引出时的屈服极限 σ_s，以保证金属拉拔后不至于继续变形，即：$p < \sigma_s < \sigma_b$。

σ_b 是拉拔后金属的抗拉强度。显然，若拉拔应力超过了拉拔后金属的抗拉强度，则金属将被拉断。

为使拉拔金属拉断的次数尽可能少，因此拉拔应力值远小于拉拔后金属的抗拉强度，通常将拉拔后金属的抗拉强度 σ_b 与拉拔应力 p 的比值，称为安全系数 K，即

$$K = \frac{\sigma_b}{p}$$

正常拉拔过程中，安全系数 K 一般在 $1.40 \sim 2.00$ 范围内，$p = (0.5 \sim 0.7)\sigma_b$。

如果 $K < 1.4$，则拉拔时可能经常拉断，或出现缩丝现象。

如果 $K > 2.00$，则表示部分压缩率取得不够大，致使拉拔道次增多，拉拔材料的塑性没有被充分利用。

3.1.3 塑性变形理论

3.1.3.1 塑性变形的基本定律

A 体积不变定律

在压力加工过程中，只要金属的密度不发生变化，变形前后金属的体积就不会产生变化。

若设变形前金属的体积为 V_0，变形后的体积为 V_1，则有：$V_0 = V_1 = $ 常数。

B 最小阻力定律

物体在变形过程中，其质点有向各个方向移动的可能时，则物体内的各质点将沿着阻力最小的方向移动。

C 弹塑性共存定律

物体在产生塑性变形之前必须先产生弹性变形，在塑性变形阶段也伴随着弹性变形的产生，总变形量为弹性变形和塑性变形之和。

3.1.3.2 影响金属塑性变形的主要因素

A 金属的化学成分对塑性的影响

（1）纯金属和固溶体的塑性最好，而化合物的塑性最低。例如纯铁的塑性最好，碳在铁中的固溶体（奥氏体）的塑性也很好，而化合物渗碳体的塑性则很低。

（2）合金钢、高合金钢中的合金成分，如铬、镍、锰、钼、钨等，对塑性的影响是复杂的。例如钢的塑性随含铬量的增高而降低，但降低的程度不大；当铬含量大于30%的

钢，则失去可加工的性能。一般来说，随着合金成分的增加，钢的变形抗力增加，塑性变差。

（3）在钢中不与铁形成固溶体的元素，都会使钢的塑性降低。例如钢中含硫时，将形成硫化铁、硫化锰与其他合金元素的硫化物。其中硫化铁危害最大，它与铁形成低熔点（约 950℃）的共晶体，并经常存在于晶界处，当钢加热到 950℃ 以上时，由于共晶体熔化而使晶粒分离，导致钢材沿晶界开裂，在变形时引起金属的破坏，产生所谓"热脆"现象。为了减少硫对钢的危害，在钢中加入适量的锰形成高熔点（1450℃）的硫化锰，并在钢中形成球状夹杂物。这样以硫化锰代替硫化铁可提高钢的塑性。

（4）磷在钢中对钢材热加工时的塑性影响不大，但对冷加工时的影响却较大。随钢中含磷量的增加，会使塑性降低。当钢中含磷（质量分数）0.1%~0.2% 时，则钢具有"冷脆"性。

（5）钢中含有铅、锡、砷、锑、铋等，都会使金属的塑性降低，甚至完全失掉塑性。

（6）气体（氢、氧）及非金属夹杂物（氮化物、氧化物），当它们在晶界上分布时，会降低金属的塑性。

B　金属组织结构对塑性的影响

金属组织结构包括晶粒的大小、形状、分布和存在缺陷，以及它的显微组织。显然，金属的组织结构不仅取决于金属的化学成分，还取决于金属自身的加工经历（包括热处理）。金属组织结构对塑性的影响，可归纳如下：

（1）金属的化学成分越复杂，则金属的内部组织往往也越复杂，而形成多相组织，这样会使金属塑性降低。某些带有过剩相的合金，当过剩相呈细粒状分布在晶粒的内部或晶粒的界面时，则这种显微组织的合金塑性较好。但是，若加热到高温的合金在晶界面上析出的过剩相呈低熔点共晶体时，则其塑性差。

（2）晶界的强度及金属越致密，晶粒大小、形状及化学成分的均匀性越大，杂质的分布越均匀，可能的滑移面与滑移方向越多，均使金属的塑性增高。

（3）钢中的碳化铁（Fe_3C）若以细小、弥散、均匀状态分布在晶体内，则钢的塑性较高。因此，在冷拉高碳钢丝时采取索氏体化热处理，使线坯组织结构成为细小均匀的索氏体，可提高其冷拉时的塑性。

C　变形温度对塑性的影响

金属和合金的变形温度对塑性影响很大。根据拉伸实验的结果，认为金属及合金的变形温度越高，它的塑性越好。这种看法不完全正确，因为根据许多实验证明和生产实践的检验，温度对塑性的影响是按变形金属的化学成分及性质不同（当其他条件相同时）而不同的。

根据分析 35 种以上的钢及合金的塑性研究数据，确定了温度对塑性的影响有如下五种典型规律：

（1）第 I 类。随温度的升高，金属及合金的塑性增加。大多数碳钢及合金结构钢是属于这一类型。

（2）第 II 类。随温度的升高，金属及合金的塑性降低，只有几种铬 25 型铁素体不锈钢和 9Cr18 马氏体不锈钢等属于这一类型。

（3）第 III 类。温度升高到某一中间温度时，塑性增加，继续升高温度时，塑性降低。

（4）第Ⅳ类。在某一中间温度时，塑性降低，当温度更高或更低时，则塑性升高。工业纯铁属于这一类型。工业纯铁处于 1100~825℃时，塑性很低（处于热脆区）；而高于或低于此温度，即 1100~1300℃或 825~600℃时，它具有较高的塑性，可在这两个温度区间进行热加工。

（5）第Ⅴ类。随温度的升高，塑性很少变化。属于这一类型的为一般优质合金钢，如GCr15 等。

D　变形速度对塑性的影响

通常指的变形速度，可认为是单位变形时间内变形程度。对于拉拔钢丝，变形速度 V 为：

$$V = \frac{Q}{t}$$

式中　Q——压缩率；

　　　t——变形时间，s。

显然，变形速度与相对于变形工具的运动速度（如拉拔速度）不能混为一谈。变形速度大小不仅取决于相对于变形工具的运动速度的大小，还取决于变形程度的大小。

变形速度对塑性的影响较复杂，因为同时存在着两个矛盾的后果。当变形速度增加，由于加工硬化会使塑性降低；同时又由于变形能大部分转变为热能，使金属升温，有利于加工硬化的消除而使塑性增加。

变形速度对金属塑性的影响，可归纳如下：

（1）变形速度增加，若加工硬化速度大于加工硬化消除的速度，或变形热效应（即变形过程中的热量积聚）作用使金属温度升高到处于热脆区时，则都会降低塑性。

（2）变形速度增加，若加工硬化消除的速度大于加工硬化的速度，或变形热效应作用使金属温度由脆性区升高塑性区时，则都会增高塑性。

E　应力状态图对金属塑性的影响

金属塑性变形时，同名压应力状态条件下，金属塑性最好；同名拉应力状态下，金属塑性最差；异名应力状态条件下，若拉应力越小，压应力成分越多，则金属塑性较好。一般可这样来解释：拉应力的存在使金属内部各种微细的缺陷会发展和扩大，而压应力的存在有利于这些缺陷愈合，并使组织致密。

3.1.3.3　冷拉钢丝的塑性变形

拉拔时变形如图 3-1 所示。

（1）拉拔中的主要变形是拉伸变形，同时除丝材中心层外，各层面均产生不同程度的附加变形，越接近表层产生的附加变形越大。

（2）摩擦力使丝材拉拔时产生附加切变形

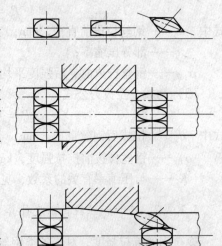

图 3-1　拉拔时变形示意图

（除中心部位），切变形程度是不均匀的，越靠近丝材表层，运动速度越慢，变形程度越大。

（3）由于模孔工作区角度的影响，丝材通过模孔时会产生弯曲变形。离丝材中心距离越远，弯曲程度越太。

（4）丝材在进入变形区前，靠近中心部位变形已开始，并在离开出口前终止变形。而靠近表面部位，变形开始得晚，结束得也迟。这种情况随模孔工作区角度、摩擦力和道次减面率加大而更加明显。

总之，拉拔时拉拔应力的不均匀分布，导致了丝材的不均匀变形，离中心部位越远，附加切变形和弯曲变形程度越大，从而造成丝材横截面各处变形量不等，越靠近表层变形量越大，致使冷拉丝材表层的硬度和强度明显高于中心层。

3.1.4　拉丝生产中主要参数计算

3.1.4.1　经验公式计算拉拔力

影响拉拔力的因素很多，如钢丝直径、化学成分、钢丝表面处理状况、抗拉强度、变形程度、润滑剂、模具材料、模孔几何形状等。有的公式比较接近实际结果，可供计算拉丝机传动功率的依据。

（1）加夫利林科拉拔力公式：

$$P = \sigma_{b\Psi}(F_0 - F_1)(1 + f\cot\alpha)$$

式中　F_0，F_1——钢丝拉拔前、后截面积，mm^2；

$\sigma_{b\Psi}$——钢丝拉拔前、后强度平均值，kg/mm^2；

f——摩擦系数，取 $0.06 \sim 0.1$；

α——模孔角度，半角。

（2）克拉希里什柯夫拉拔力公式：

$$P = 0.6d_0^2\sqrt{q} \cdot \sigma_{b\Psi}$$

式中　d_0——钢丝拉拔前直径，mm；

q——部分压缩率；

$\sigma_{b\Psi}$——钢丝拉拔前、后强度平均值，kg/mm^2。

（3）勒威士拉拔力公式：

$$P = 43.56d_k^2 \cdot \sigma_{b0} \cdot K_q$$

式中　d_k——拉拔后钢丝直径，mm；

σ_{b0}——钢丝拉拔前抗拉强度，kg/mm^2；

K_q——与压缩率有关的系数，见表 3-1。

3.1.4.2　冷拉钢丝抗拉强度计算

冷拉钢丝抗拉强度，对于各类钢丝都是一种很重要的指标。在制定生产工艺流程和拉拔路线、拉拔道次等，都是为了能得到标准所规定的力学性能。

影响碳素钢丝抗拉强度的主要因素是：钢丝的含碳量、铅淬火钢丝的抗拉强度、钢丝拉拔时的部分压缩率和总压缩率等。

表 3-1 系数 K_q 值

压缩率/%	K_q	压缩率/%	K_q	压缩率/%	K_q	压缩率/%	K_q
10	0.0054	22	0.0104	34	0.0146	46	0.0214
11	0.0058	23	0.0107	35	0.0150	47	0.0222
12	0.0066	24	0.0110	36	0.0155	48	0.0224
13	0.0070	25	0.0112	37	0.0161	49	0.0227
14	0.0072	26	0.0115	38	0.0166	50	0.0232
15	0.0081	27	0.0118	39	0.0172	51	0.0234
16	0.0082	28	0.0120	40	0.0178	52	0.0238
17	0.0084	29	0.0121	41	0.0184	53	0.0243
18	0.0090	30	0.0124	42	0.0090	54	0.0246
19	0.0092	31	0.0129	43	0.0195	55	0.0250
20	0.0097	32	0.0134	44	0.0200		
21	0.0102	33	0.0139	45	0.0206		

A 波捷姆金公式

$$\sigma_b = \sigma_B + \Delta\sigma_b$$

$$\sigma_B = 100w(C) + 53 - D$$

$$\Delta\sigma_b = \frac{0.6\left[w(C) + \dfrac{D}{40} + 0.01q_{cp}\right]Q}{\lg\sqrt{100 - Q} + 0.0005Q}$$

$$q_{cp} = (1 - \sqrt[n]{1 - Q}) \times 100\%$$

式中 σ_b——钢丝冷拔后的抗拉强度，kg/mm^2；

σ_B——钢丝铅淬火后的抗拉强度，kg/mm^2；

$\Delta\sigma_b$——钢丝冷拔后抗拉强度增长值，kg/mm^2；

$w(C)$——钢丝含碳量（质量分数），%；

Q——钢丝总压缩率，%；

q_{cp}——钢丝平均部分压缩率，%；

D——钢丝铅淬火后或冷拉前直径，mm；

n——拉拔道次。

B 彼得洛夫公式

（1）不考虑原料铅淬火后奥氏体晶粒度大小。

$$\sigma_b = \sigma_B + \frac{\sigma_B\left(1.7 + \dfrac{17}{Q}\right)(1 - \lg\sqrt{100 - Q})}{0.135\sqrt{100 - 1.5q_{cp}}}$$

当 $Q > 50\%$ 时，上式可简化为：

$$\sigma_b = \sigma_B + \frac{1.9\sigma_B(1 - \lg\sqrt{100 - Q})}{0.135\sqrt{100 - 1.5q_{cp}}}$$

（2）考虑原料铅淬火后奥氏体晶粒度大小。

$$\sigma_b = \sigma_B + \frac{\sigma_B\left(1.8 - 0.03N + \frac{17}{Q}\right)(1 - \lg\sqrt{100 - Q})}{0.135\sqrt{100 - 1.5q_{cp}}}$$

式中　N——奥氏体晶粒度。

C　屠林科夫公式

圆形截面碳素钢丝：

$$\sigma_b = \sigma_B\sqrt{\frac{D}{d}}$$

异形截面碳素钢丝：

$$\sigma_b = \sigma_B\sqrt[4]{\frac{F_0}{F}}$$

式中　F_0，D——拉拔前原料横截面积、直径，mm^2、mm；

　　　F，d——拉拔后原料横截面积、直径，mm^2、mm；

　　　σ_b——钢丝冷拔后的抗拉强度，kg/mm^2；

　　　σ_B——钢丝铅淬火后的抗拉强度，kg/mm^2。

3.1.4.3　钢丝拉拔时的变形程度表示法

为了表示钢丝拉拔时变形程度的大小，经常用到下列变形程度指数。

A　延伸系数

延伸系数又称拉伸系数，是指钢丝拉拔后的长度与原长度的比值。常用 μ 表示。

$$\mu = \frac{L_k}{L_o}$$

对圆形钢丝有：

$$\mu = \frac{d_o^2}{d_k^2}$$

式中　L_o——钢丝拉拔前的长度，m；

　　　L_k——钢丝拉拔后的长度，m；

　　　d_o——钢丝拉拔前的直径，mm；

　　　d_k——钢丝拉拔后的直径，mm。

对异形钢丝，计算 μ 时则需用 $\mu = \dfrac{F_o}{F_k}$ 来求。

这里的 μ 通常表示钢丝的总延伸系数，即由坯料到成品钢丝，经过 n 次拉拔后的长度的总的延伸系数。又可用"$\mu_{总}$"表示。

经过每一次拉拔，钢丝的延伸系数称为部分延伸系数，通常表示为 μ_1，μ_2，…，μ_n。计算方法相同，即

$$\mu_n = \frac{L_n}{L_{n-1}} = \frac{F_{n-1}}{F_n}$$

对于圆形钢丝任意道次（第 n 道）的延伸系数 $\mu_n = \dfrac{d_{n-1}^2}{d_n^2}$。

B　减面率

减面率又称压缩率，是指钢丝拉拔后截面积减小的绝对量（压缩量）与拉拔前钢丝截

面积的比值。以 Q 来表示，减面率总小于 1。

$$Q = \frac{F_o - F_k}{F_o} \times 100\%$$

对圆形钢丝有：

$$Q = \frac{F_o - F_k}{F_o} \times 100\% = \frac{d_o^2 - d_k^2}{d_o^2} \times 100\% = \left(1 - \frac{d_k^2}{d_o^2}\right) \times 100\%$$

这里的 Q 通常表示钢丝的总减面率。

钢丝经过每一道次拉拔的减面率称为道次减面率，通常以 q_1，q_2，$\cdots$，q_n 来表示。对于圆形钢丝有：

$$q_n = \frac{F_{n-1} - F_n}{F_{n-1}} \times 100\%$$

$$= \frac{d_{n-1}^2 - d_n^2}{d_{n-1}^2} \times 100\%$$

$$= \left(1 - \frac{d_n^2}{d_{n-1}^2}\right) \times 100\%$$

此处的 q_n 表示为任一道次（n 道）的道次减面率。

减面率 Q 和延伸系数 μ 之间的关系为：

$$Q = 1 - \frac{1}{\mu} \quad \text{或} \quad \mu = \frac{1}{1 - Q}$$

C 伸长率

伸长率是指钢丝经拉拔后的绝对伸长与原长度之比值，用 λ 表示，即：

$$\lambda = \frac{L_k - L_o}{L_o} \times 100\%$$

对于圆形钢丝有：

$$\lambda = \frac{L_k - L_o}{L_o} \times 100\%$$

$$= \frac{F_o - F_k}{F_k} \times 100\%$$

$$= \frac{d_o^2 - d_k^2}{d_k^2} \times 100\%$$

伸长率（λ）与压缩率（Q）和延伸系数（μ）的关系为：

$$\lambda = \mu - 1 = \frac{Q}{1 - Q}$$

D 截面减缩系数

它是指钢丝拉拔后截面积与拉拔前截面积之比，通常以 ψ 表示，即

$$\psi = \frac{F_k}{F_o}$$

对于圆形钢丝有：

$$\psi = \frac{F_k}{F_o} = \frac{d_k^2}{d_o^2}$$

截面减缩系数（ψ）与压缩率（Q）和延伸系数（μ）关系为：

$$\psi = \frac{F_k}{F_o} = \frac{L_o}{L_k} = \frac{1}{\mu} = 1 - Q$$

为了计算方便，将拉拔过程变形程度指数 μ、Q、λ、ψ 关系列于表 3-2。

表 3-2　变形程度指数相互间关系

指数	直径 d_o 和 d_k	截面积 F_o 和 F_k	长度 L_o 和 L_k	延伸系数 μ	减面率 Q	伸长率 λ	截面减缩系数 ψ
延伸系数 μ	$\dfrac{d_o^2}{d_k^2}$	$\dfrac{F_o}{F_k}$	$\dfrac{L_k}{L_o}$	μ	$\dfrac{1}{1-Q}$	$1 + \lambda$	$\dfrac{1}{\psi}$
减面率 Q	$\dfrac{d_o^2 - d_k^2}{d_o^2}$	$\dfrac{F_o - F_k}{F_o}$	$\dfrac{L_k - L_o}{L_k}$	$1 - \dfrac{1}{\mu}$	Q	$\dfrac{\lambda}{1+\lambda}$	$1 - \psi$
伸长率 λ	$\dfrac{d_o^2 - d_k^2}{d_k^2}$	$\dfrac{F_o - F_k}{F_k}$	$\dfrac{L_k - L_o}{L_o}$	$\mu - 1$	$\dfrac{Q}{1-Q}$	λ	$\dfrac{1-\psi}{\psi}$
截面减缩系数 ψ	$\dfrac{d_k^2}{d_o^2}$	$\dfrac{F_k}{F_o}$	$\dfrac{L_o}{L_k}$	$\dfrac{1}{\mu}$	$1 - Q$	$\dfrac{1}{1+\lambda}$	ψ

E　平均延伸系数和平均压缩率计算

在生产中钢丝经过一系列模子拉拔，其总的变形程度称为总压缩率或总延伸系数。而经过每一个模子拉拔的变形程度，称为部分压缩率或部分延伸系数。

由于各个模子变形程度往往是不一样的，为了计算方便，特别在制订拉拔工艺时，常假定各道变形程度一致，即所谓的平均部分压缩率和平均部分延伸系数。

（1）平均部分延伸系数 μ_{cp} 和总延伸系数 $\mu_{总}$ 的关系为：

$$\mu_{总} = \frac{F_o}{F_n} = \frac{F_o}{F_1} \times \frac{F_1}{F_2} \times \frac{F_2}{F_3} \times \cdots \times \frac{F_{n-1}}{F_n}$$

$$= \mu_1 \mu_2 \mu_3 \times \cdots \times \mu_n$$

$$= \mu_{cp}^n$$

所以　　　　　　　　　　　　　　　$\mu_{cp} = \sqrt[n]{\mu_{总}}$

（2）平均部分压缩率 q_{cp} 和总压缩率 Q 的关系为：

$$Q = \frac{F_o - F_n}{F_o} = 1 - \frac{F_n}{F_o} = 1 - \frac{1}{\mu_{总}} = 1 - \frac{1}{\mu_{cp}^n}$$

又因为

$$q_{cp} = \frac{\mu_{cp} - 1}{\mu_{cp}}$$

所以

$$Q = \left[1 - (1 - q_{cp})^n \right] \times 100\%$$

$$q_{cp} = (1 - \sqrt[n]{1-Q}) \times 100\%$$

（3）平均部分压缩率 q_{cp} 与平均部分延伸系数 μ_{cp} 的关系为：

$$q_{cp} = \left(1 - \frac{1}{\mu_{cp}}\right) \times 100\%$$

（4）拉拔道次 n 与总压缩率 Q、平均部分压缩率 q_{cp} 之间的关系为：

$$Q = 1 - (1 - q_{cp})^n$$

$$n = \frac{\lg(1 - Q)}{\lg(1 - q_{cp})}$$

3.1.5 影响拉拔的工艺因素

3.1.5.1 拉丝模

拉丝模是实现钢丝顺利拉拔的主要工具，模具材质、模孔几何形状、拉丝模的结构及工作方式直接影响到钢丝产品的尺寸精度、表面质量、力学性能，而且还关系到能源消耗、生产效率。

A 模具材质

硬的模具材料可降低拉拔力。选用碳化钨加钴的硬质合金模可比钢模减少拉拔力 40%~50%，用金刚石模比硬质合金模拉拔力减少 20%~50%，降低模孔表面粗糙度可以收到和提高模具硬度的同样效果。

B 模孔变形区的几何形状

拉丝模孔型结构主要有曲线型（R 型）和直线型（锥型）两类。

曲线型（R 型）模有"入口区"、"润滑区"、"工作区"、"定径区"、"出口区"五个部分，各部交界处要求"倒棱"，圆滑过渡，把整个孔型研磨成一个很大的、具有不同曲率的弧面。这种孔型的模子在当时的拉拔速度 200m/min 条件下，还是可以适用的。到了 20 世纪 70 年代末至 80 年代初，随着拉线速度的提高，拉线模的使用寿命就成了突出问题。为了适应高速拉线的要求，设计出了直线型模。

直线型拉丝模具由入口区、工作区、定径带和出口区组成。其特点是：

第一，拉丝模孔型各部分的纵剖面线必须是直线，理论要求绝对不能研磨成弧线。

第二，模具各部分的交接部位绝对不能"倒棱"，甚至可以是尖锐的。

第三，取消"润滑锥"。把建立润滑膜的功能一部分归于入口锥，一部分归于工作锥。加长工作锥的高度，比圆滑过渡孔型约增 50%，当压缩率为 30% 时，线材进入模孔时的位置，不是工作锥角的始端，而是工作锥长度的 1/2 处。运用角度更小的工作锥上半部，靠"楔角效应"原理，在线材表面建立更致密的润滑膜，以利高速拉拔。

第四，入口锥，入口部分的角度可适当缩小（入口倒角部的角度可大），帮助改善润滑。在实际应用中可以不用抛光。出口角度仍为 60°，其高度可大些，使拉丝模受力点向模坯中心推移。

第五，在各部分相交接处，不得存在任何小的过渡角，尤其在定径带与工作锥之间，定径带必须呈平直的圆筒形，其角度应等于零。

我国现行硬质合金模全部是直线形拉丝模，GB/T 6110—2008《硬质合金拉制模具形式和尺寸》规定，硬质合金拉丝模由模芯和模套两部分组成，如图 3-2 所示。模芯分为 A

型、B 型、C 型、D 型、E 型和 F 型，模套分为 Z 型和 K 型。

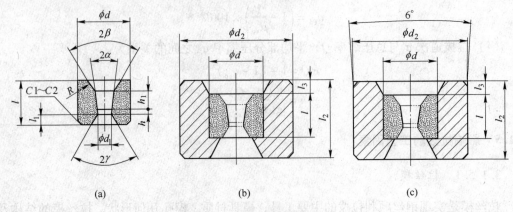

图 3-2　模芯模套结构图

（a）模芯；（b）Z 型模套；（c）K 型模套

C　模孔工作区角度

钢丝减面率较大时宜采用较大工作区角度，粗规格（大于 6mm）钢丝一般道次减面率大，模孔工作区角度多选用 14°～16°；中等规格钢丝一般道次减面率适中，模孔工作区角度多选用 12°～14°；较细规格（小于 1.5mm）钢丝一般道次减面率小，模孔工作区角度多选用 10°～13°。

D　模具基本尺寸

a　入口锥

为了顺利导入线材及润滑剂，入口处可以有较大的圆弧倒角。干式润滑时，为了建立线材表面的润滑膜，其角度可适当的小，一般在 30°～40°；长度可以适当增加，一般为模坯高度的 1/5。湿式拉拔时，为了便于润滑液顺利进入工作锥，同时起到良好的热交换作用，模孔入口锥角应比干式拉拔时大，日本、德国都在 90°～100°。

b　工作锥

将从入口锥已经初步建立的润滑膜，进一步在工作锥的上半部继续挤压得更为致密；金属在工作锥的下半部进行塑性变形。工作锥角度选择的一般原则是：含碳量越高，角度越大；拉拔同类材质时，压缩率越大，角度越大；拉拔线材直径越大，角度也越大；湿拉又要比干拉同一材质时的角度增加 10°～20°。

工作锥要有足够的长度，要始终保证线材进入工作锥时，最初接触点应在工作锥总长度的中间。若靠近工作锥的始端，易造成润滑膜建立不良，变形过程偏长，摩擦力增加；若靠近定径带，易造成变形过程偏短，模孔壁的正压力增高，磨损加快。

c　定径带

金属的全部变形过程只能在工作锥内完成，定径带仅仅起到控制直径的作用，不能进行任何小的压缩变形。所以对于定径带，一是必须平直，不附带任何锥度，既不能有正锥角，也不能有倒锥角（但也有资料介绍，在定径带出口端设计出一较小的倒锥度，以减少钢丝拉拔出模口时对出口的压力，防止拉丝模出口崩损）；二是定径带的上下截面必须平行，保证圆周的长度一致相等；三是工作锥与定径带交界处，必须是一条明显而"尖锐"

的交接线，不允许有任何过渡角。

定径带的重要参数是长度，一般用直径 d 的倍数 nd 表示。其选择原则是：拉拔软金属比拉拔硬金属要短；湿拉时比干拉时短；粗直径的定径带系数比细直径的要小。

d 出口锥

出口锥主要是为了加固模子出口处的牢度，防止模孔破裂，也可起到不擦伤钢丝表面的作用。出口锥角度与传统设计出入不大，一般为 60°～75°，也有些厂家大至 90°；出口锥高度直接与其支撑加固的出口角的强度有关，理论上认为高些比短些好，可使模具的受力点向模坯中心移动，同时在多次扩孔修磨后不必重新研磨扩大出口角度。出口锥的具体高度各国不一，一般应是模坯高度的 1/3～1/5。

3.1.5.2 摩擦力和摩擦状态

A 摩擦力

降低摩擦力是提高拉拔效率的最有效途径。在拉拔过程中丝材与模具直接接触，不可避免地产生摩擦力，摩擦力大小取决于三要素：正压力、摩擦系数和接触面积。使用反拉力是通过降低正压力来降低摩擦力；改变模具材质和降低模孔粗糙度是通过降低摩擦系数来降低摩擦力；增大模孔角度是通过减小接触面积来降低摩擦力。

B 摩擦状态

改变摩擦状态才是降低摩擦力的关键的措施。按摩擦理论，滑动摩擦有四种状态：干摩擦、边界润滑摩擦、混合润滑摩擦和流体动力润滑摩擦。

在滑动接触面任何无润滑的摩擦称为干摩擦，干摩擦状态的摩擦系数高达 0.7～1.0。

在滑动接触面有一层很薄的润滑膜将两者分开称为边界润滑摩擦，边界润滑膜只有几个分子厚，摩擦系数为 0.10～0.30。边界润滑摩擦一般在高负荷、低速滑动条件下形成，随着滑动速度增大而急剧减薄，直至失去润滑作用。

在滑动接触面间形成一层稳定的、可流动的润滑层，将两者完全隔开，则摩擦进入了流体动力润滑摩擦状态，此时摩擦系数可降到很低水平（0.001～0.005）。流体动力润滑摩擦状态下的摩擦系数在很大程度上取决于流体润滑层的平均压力，压力越大，摩擦系数越低。流体动力润滑摩擦状态只有在一定的滑动速度下才能建立，并且只要流体润滑层未失效，速度进一步增加时摩擦系数升幅很小。

混合润滑摩擦是介于边界润滑摩擦和流体动力润滑摩擦之间的一种摩擦状态，摩擦系数为 0.005～0.10，绝大多数丝材拉拔均处于混合润滑摩擦状态。

C 影响摩擦系数的因素

金属压力加工时，摩擦系数 f 的大小与金属的性质、变形过程的条件、工具与金属相接触表面的状态、接触表面的正压力、所采用的润滑剂有关。

a 加工工具表面状态

工具表面的精度和加工方法的不同，摩擦系数在 0.05～0.70 范围内变化。加工精度越高，摩擦系数越小。由于工具表面加工状态不同，造成摩擦系数的不同。例如模孔内表面因加工研磨时产生的沟纹，会使该部分摩擦系数增高；经抛光后的模孔内表面摩擦系数会降低。

b 被加工金属的表面状态

　　钢丝表面的氧化铁皮若经酸洗而未被完全除去的话，那么在拉拔时因粗糙的表面会增加与模孔壁的摩擦，促进拉丝模孔的加速磨损。所以，钢丝拉拔前经酸洗等项处理就是为了得到洁净的表面，以减小与模孔的摩擦。

　　c　变形金属与加工模具的性质

　　一般认为，两种不相同的金属摩擦系数都是比较小的。但这不是绝对的，主要看两种金属的化学亲和力大小。相互间不能形成合金或化合物的两种金属的摩擦系数要比能形成合金或化合物的两种金属的摩擦系数小。摩擦系数在很大程度上与金属的强度性能和弹性性能有关。金属的弹性和强度越小，韧性越大，则摩擦系数越大。

　　d　单位压力

　　指接触表面上每单位面积所承受的正压力大小。金属变形程度越大，会造成正压力增加，使单位压力也相应地增加，摩擦系数也成比例的增加。

　　e　变形温度

　　变形温度是影响摩擦系数的一个重要因素。随着相互接触表面间的温度变化，可能产生两种相反的结果：一方面，变形温度的增加可能加剧表面的氧化，反而会增加摩擦系数；另一方面，由于温度的升高，使变形金属强度降低导致单位压力降低，使摩擦系数减小。在低的温度范围内，随温度的升高，摩擦系数是成比例的增加，但当温度达到750~800℃时，随着温度的增加，摩擦系数又急剧的减小。

　　钢丝在模孔内变形时，当模子冷却不好的情况下，模子温度的升高是由于钢丝变形和由于与模孔间的摩擦系数的增大所引起的。这里摩擦系数的增大是因为润滑剂在高温下氧化烧焦造成的。

　　f　变形速度

　　在低速范围内，变形能使摩擦系数增加。这可以解释为在较低速度时，金属与模具接触时间长，表面塑性变形能及时发展形成新的表面起作用。因为新的表面干净而粗糙，导致了摩擦系数的增加。另外，也因接触时间长，塑性变形的表面相互咬合的紧度有所提高，也导致摩擦系数的提高。

　　在高速范围内，因表面来不及咬合，使摩擦系数有所降低。

　　g　润滑剂

　　为了降低摩擦系数，常选用一定的润滑剂使变形金属与工具之间形成一定厚度的隔离层，以减少接触面之间的咬合。

3.1.5.3　润滑方式和润滑剂

A　润滑方式

　　拉丝润滑方式可分为干式润滑和湿式润滑两种，湿式润滑又分为油性润滑和水性润滑两种。如果使用得当，干式润滑的润滑效果优于湿式润滑，油性润滑优于水性润滑。按冷却效果排列，水性润滑优于油性润滑，湿式润滑优于干式润滑。但无论哪种润滑方式都得依赖丝材表面处理、润滑剂和模具三者配合才能达到降低摩擦力的效果。在润滑正常条件下，干式润滑拉拔的丝材表面呈雾面状态，湿式润滑拉拔的丝材表面呈光亮状态。

　　表面处理是保证润滑剂吸附量适度最重要的因素，良好的润滑效果往往是通过表面处理和润滑剂之间恰当的组合来实现的。表面处理包括去除丝材表面氧化皮和涂敷适当的润滑涂层两道工序。

要实现流体动力润滑除选用适当涂层和润滑剂外，还必须采取适当的技术措施，在模具入口处建立高压区，防止润滑剂回流。目前干式润滑选用压力模（哈夫模），即在拉丝模前套装一个孔径稍大于丝材直径的拉丝模，两个拉丝模之间留出一个空间，拉拔时借助于涂层的携带作用和压力模的"楔形效应"，在拉丝模前形成一个高压润滑剂储留区，为流体动力润滑的建立奠定基础。选用油性润剂时大多数选配压力管，即孔径稍大于丝材直径的金属，其作用与压力模相同；也有在拉丝模装配一个储油腔，采用压力泵将高压油打入腔中的方式润滑，称为流体静力润滑。

B 干粉状润滑剂

干式润滑通常选用干粉状皂类润滑剂。拉拔时首先需借助变形热使拉丝粉软化，才能均匀地涂敷在丝材表面，形成润滑膜；在变形区润滑膜必须能承受高温和高压，保持良好的延展性，不破裂、不分解、不焦化。

干粉状润滑剂的软化点必须与拉拔工艺相匹配。软化温度太高，在拉拔初始阶段产生的热量不足以使干粉转化为胶体，无法形成有效润滑膜；软化温度低意味着焦化温度必然低，进入变形区后，润滑膜在高温和高压条件下失去润滑作用。到底需选用软化温度多少的润滑剂，取决于丝材的材质、变形抗力、道次减面率、涂层及拉拔速度，说到底取决于变形的功率消耗，或模具变形区的温度和压力。

干粉状润滑剂的主要成分是脂肪酸（牛油脂、羊油脂、油酸、棕榈酸、硬脂酸）与碱金属（K、Na、Li）或碱土金属（Ca、B、Zn、Mg）的化合物，即金属皂。

皂类润滑剂的软化点与脂肪酸中碳-氢链的长短和金属离子种类密切相关。为改变软化点，特别是加宽软化点到焦化点的温度范围，通常根据需要，在润滑剂中添一定量的极压添加剂（S系、Cl系、P系有机或无机添加剂），在拉拔过程中，极压添加剂借助变形热与涂层和金属表面产生化学反应，形成 FeS 等有一定润滑性能的化合物，显著地提高了润滑剂的耐热耐压性能，为建立流体动力润滑奠定基础。

提高润滑膜的厚度也是建立流体动力润滑的必要条件，为此要根据拉拔工艺和拉拔道次选择合适的涂层，在润滑剂中添加适量的黏附添加剂（硼砂、元明粉、磷酸盐等）也能有效增加润滑膜的厚度。

此外，干粉状润滑剂中有时还含有一定量层状无机物，如滑石、胶体石墨、云母、二硫化钼，以及防锈剂（亚硝酸钠、苯甲酸钠）和着色剂等。

C 油性润滑剂

油性润滑剂通常由矿物油（机油、锭子油、透平油）、动植物油（鱼油、猪油、棕榈油、椰子油、蓖麻油、菜子油）、合成油（聚乙烯、聚丙烯）、油性改善剂（脂肪酸、醇类、酯类）、极压添加剂（S系、Cl系、P系或有机添加剂）、黏度改善剂（异丁烯、丙烯酯）以及抗氧化剂（二烷基二硫代磷酸锌 ZDDP）、防锈剂（磺酸钡、牛油脂肪酸胺）、消泡剂（硅油）组成。

拉丝用油性润滑剂所承受的压力远远大于机械润滑剂所承受的压力，再好的矿物油也无法满足拉丝的润滑要求。拉丝用润滑油必须在矿物油基础上添加极压添加剂和油性改善剂才能适应拉丝要求。极压添加剂依靠与金属表面起化学反应生成极压膜来改善润滑。油性改善剂依靠极性分子吸附在金属表面来改善润滑。一般说来，极压添加剂所形成的极压膜的摩擦系数远大于油性改善剂所形成的吸附膜的摩擦系数，但两种添加剂作用区域不同，极压膜在高温区摩擦系数低，吸附膜在低温区摩擦系数低，只有两种添加剂复合使用，才能保证油性润滑剂在高温和低温区域均有较低的摩擦系数。油性润滑剂还包括油基膏状润滑剂。

D　水性润滑剂

水性润滑剂可分为乳化液和皂溶液两类。

乳化液是水中加油组成的一种水包油型的乳浊液，通常由矿物油（机油、锭子油、透平油）、油性添加剂（硫化动植物油、氯化石蜡、油酸、酯类）、乳化剂（阴离子型的碱金属皂、环烷酸钠盐、三乙醇胺盐、磺化蓖麻油和非离子型添加剂）、防腐剂（酚化合物、氮化物）、抗氧化剂等组成。

皂溶液是由水溶性碱金属皂（钾皂、钠皂），加入防腐剂（酚化合物、氮化物）、消泡剂（乙醇、硅酮）组成。

3.1.5.4　拉拔时的温升和冷却

A　拉拔时的温升

丝材虽然在室温下进行冷拉，但拉拔所消耗的主变形功和附加变形功 90% 以上转化为热量，变形消耗的功不到 10%，最终作为潜能残留在拉拔后的丝材中，而摩擦功几乎全部转化为热量。试验表明，变形功造成钢丝温度升高是整个截面均匀的温升，而摩擦功引起的温升只限于很薄的表面，丝材整体的温升分布是不均匀的，在变形区内温升沿长度方向增大；在横截面上丝材表面温升大于心部温升。丝材的温升取决于本身变形抗力、热导率、密度、比热容，以及拉拔速度和道次减面率。

拉拔产生的热量必然导致丝材、模具、润滑剂的温度随之升高。实测证明，在一般拉拔速度（120 ~ 150m/min）条件下，低碳钢丝拉拔一个道次平均温升 60 ~ 80℃；而高碳钢则达到 100 ~ 160℃。在连续拉丝机上，钢丝经多次拉拔后，模具变形区局部累积温升可达350 ~ 450℃。总的看来，温度升高给生产带来的后果是弊大于利：温度升高金属材料的变形抗力下降是有利的一面，但对于有应变时效脆化效应的高碳钢丝，温度超过 180℃ 时，钢丝抗拉强度升高，弯曲、扭转和缠绕性能急剧下降，成为不合格品，所幸的是应变时效脆化效应除温度外还与停留时间有关，因为钢丝直径有限，出模很短时间（千分之几秒）就可达到内外温度均匀一致，研究结果表明：应变时效是钢丝出模后在高温下停留时间太长产生的，只要冷却得当完全可避免产生时效脆化。相对比较，受温度影响最大的是润滑剂和模具，温升太高，润滑剂失效，模具磨损和损坏，拉拔根本无法正常进行。拉拔产生的热量只有不足 20% 传递给模具，80% 以上被钢丝带走，这些热量需要通过模具和拉丝卷筒散发，长期以来模具冷却和卷筒冷却一直是连续拉拔和高速拉拔必须攻克的难关。

B　拉拔时的冷却

a　模具冷却

拉拔发热主要发生在模具变形区，要实现高速、连续拉拔首先要解决模具冷却问题。模具冷却的目标是防止润滑剂因温度太高分解、焦化失效；防止模具磨损超标和损坏。日常生产中模具升温最高点也不会超过 450℃，模具冷却属于低温传热范畴。按热力学原理，拉拔时的冷却主要靠固体间或固体与液体间的热传导降温，风冷只能起辅助降温作用。

目前，工业生产中的干式拉拔全部选用硬质合金模与脂肪酸皂类润滑剂。在脂肪酸皂类润滑剂中硬脂酸钠皂的耐热性能最好，是高速拉拔首选润滑剂，但硬脂酸钠皂的软化点偏高，对拉拔初始成膜不利，一般需在润滑剂配入适量的低熔点皂类（短碳链脂肪酸皂）。高速拉拔用润滑剂为提高耐热和耐压性能，通常还配入一定量的极压添加剂，因为硬脂酸的沸点（焦化点）为376℃，润滑剂的使用温度一般不应超过300℃。

钨-钴硬质合金制作模具耐热、抗磨，线膨胀系数低，尺寸稳定性好；但其抗压不如抗拉，抗冲击性能也远不如碳素钢，通常将硬质合金模芯嵌镶在钢质外套中，使模芯处于压应力状态来扬长避短。拉拔时模具局部高温使硬质合金抗磨性能下降，磨损加快；同时因钢质外套的线膨胀系数远大于模芯的膨胀系数，造成模芯受力状态改变，容易出现模芯出口处掉肉和模芯碎裂现象，模具冷却是必不可少的工艺措施。

模具冷却方式有间接水冷、自流水冷、强制水冷、直接水冷等。间接水冷是将模具装在冷却水套中，通过水套内的水循环实现模具冷却，单次拉丝机和生产低碳、低合金钢丝的拉丝机多采用这种冷却方式。自流水冷和强制水冷是对模具外套进行直接水冷，自流水冷指将水注入外套四周空间，任其自流回储水槽中的敞开式水冷；强制水冷指将水泵入外套四周空间，让水在压力驱动下流回储水槽中的封闭式水冷，这两种冷却方式主要用在直线式连续拉丝上，是生产中、高碳钢丝必备的冷却方式。水冷可以降低模套与模芯的温差、改善模具内部温度分布状况，保证润滑剂正常工作，但即使水冷效率出色地好，也只能带走10%左右的热量，无法从根本上解决高速连拔温升太高的难题。

b　卷筒冷却

拉拔产生的热量80%以上被丝材带走，如何促使丝材自身热量的快速散发成为关键问题。如前所述，低温传热主要靠传导，对流传热只能起辅助作用，丝材拉拔过程中的风冷降温仅起辅助作用，降温主要依靠拉丝卷筒的热传导。丝材与拉丝卷筒的接触面积和卷筒表面温度是决定丝材冷却速度的重要控制参数。要增加接触面积需加大拉丝卷的直径、丝材拉拔后应尽可能在拉丝卷筒多缠绕几圈；对拉丝卷筒实施强制冷却才是降低丝材温度的最有效方法。不同拉丝机的冷却效果也有差别，一般说来，单次拉丝机的冷却效果优于积线式滑轮拉丝机，积线式滑轮拉丝机的冷却效果又优于直线式连续拉丝机；拉拔速度越快，卷筒冷却方式的选择越显重要。传统的卷筒冷却方式有：喷淋水冷、溢流水冷和强制水冷，为适应高速拉拔的要求，现代化的直线式连续拉丝机几乎全部采用薄壁卷筒缝隙强制水冷的方式。

薄壁卷筒缝隙水冷通常是多台拉丝机配备一个水循环系统集中供水，冷却水预先进行软化处理，循环过程进行多道次过滤，及时去除油污和杂物，循环压力控制在0.4～0.6MPa，大部分配置冷却水塔或制冷装置。使用中要定期清除卷筒和模具冷却系统水垢，疏通上回管水道，适当加大丝材在卷筒上的缠绕圈数（大于10圈）。上述冷却措施完全实施后，即使用较高速度、较大道次减面率、拉拔应变时效脆化效应显著的中、高碳钢丝，也能确保成品性能。

3.1.5.5　拉拔速度

拉拔速度是与丝材生产效率、能源和辅助材料的消耗、产品质量密切相关的重要工艺参数。提高拉拔速度可获得的效果更多地取决于下列因素：丝材的化学成分、显微组织结构、热处理状态、盘卷单重；拉拔时的表面处理状况、润滑方式，润滑剂型号、模具材质和形状、冷却条件；拉丝机的种类、速度调控方式、运行阶段等。现代化的拉丝机正在向高速化、连续化、自动化方向发展，实践证明在拉丝各环节采取相应措施的条件下，提高拉拔速度是可行的，确实可收到节能减耗，提高产品质量的效果。

A　拉拔速度与变形速度

拉拔速度是指丝材运动速度。在一定生产条件下，拉拔速度高丝材的变形速度快。变形速度指的是丝材单位时间内变形程度。变形速度（u）随拉拔速度、模孔角度增大而增大，随拉拔后直径和延伸系数的增大而减小。变形速度是与拉拔功耗直接挂钩的工艺参数，变形速度提高将导致：

（1）随变形速度提高拉拔主变功成正比增大，附加变形功稍有增大，而摩擦功取决于润滑状态，与变形速度没有必然关联。所以拉拔速度增大、等于变形速度提高，导致变形效率提高。

（2）模孔角度增大也使变形速度提高，但增大的附加变形功，最终导致变形效率降低。

（3）延伸系数增大（即减面率增大），变形速度随之减小，主变形功也随之减小。意谓消耗同样的功率可以完成更大量丝材的拉拔，因此变形效率得到提高。

（4）同理，拉拔直径较大丝材，变形速度相对较低，主变形功也随之降低，变形效率自然要提高。

（5）生产实践证明，在拉丝设备平稳，润滑状态良好条件下，适当提高拉拔速度，断线几率降低，拉拔安全系数提高。估计因拉拔速度提高，丝材在模具与卷筒之间停留时间短，丝材内部的显微缺陷，在张力下扩展断裂的几率也降低。对水箱式拉丝机，因存在累积滑动问题，高速拉拔断线的可能性比低速要大。

B　拉拔速度对丝材强韧性的影响

拉拔速度的提高引起钢丝温度上升，最终导致成品钢丝强度升高，韧性下降。但这种现象仅为一个特例，绝不能认为这是钢丝生产的基本规律，更不能认为是丝材生产的基本规律。实际上，提高拉拔速度给丝材力学性能和工艺性能带来的什么样的变化，主要取决于丝材自身特性（化学成分和组织结构），其次才是拉拔温升，而且温升带来的变化是多向的，有上升，也有下降，当然也包括基本不受影响的。

C　拉拔速度对拉拔力的影响

拉拔速度对拉拔力的影响主要取决于丝材变形抗力和摩擦状态。

（1）一般说来拉拔速度的提高会带来丝材温度的上升，对于低强度材料，如低碳钢丝，即使温度仅上升100℃，变形抗力下降，拉拔力下降。对于不锈钢丝等丝材温度升高100~200℃对变形抗力基本无影响，拉拔力基本不变。

（2）干式拉拔的润滑状态通常为混合润滑状态，即由边界润滑与流体动力润滑组成的润滑状态，流体动力润滑所占比例越大，摩擦系数越低。而建立流体动力润滑状态必须在模具变形区前形成一个高压区，阻止润滑剂回流，同时适当高的温度使润滑剂处于流动状态也是必要条件。提高拉拔速度可以同时创造这两个条件，因而可以改善润滑状态，降低摩擦系数，拉拔力随之下降。

（3）对于应变时效脆化效应显著的钢种，提高拉拔速度导致钢丝屈服强度提高，拉拔力也随之提高。

3.1.5.6　工艺流程和道次减面率的分配

拉拔工艺流程包括为丝材拉拔所作的组织准备和表面准备，以及拉拔过程中模具和润滑方式的选择、总减面率的确定和道次减面率的分配等项内容。同一牌号的丝材，因生产工艺流程不同，可得到完全不同的力学性能和工艺性能；不同种类、不同牌号的丝材，因生产工艺流程相同，可得到力学性能和使用性能相似的成品。

减面率增大意味着丝材变形量增大，必然导致拉拔力和变形功的增大。如其他条件不变（模孔角度是适宜的），单纯增大减面率，主要增大的是拉拔有效功，而摩擦功略有增加，附加变形功增加甚微，因而变形效率明显提高。但安全系数却随着减面率的增加而降低（原因是抗拉强度的增加没有拉拔应力增加得快），断线机会增多，所以拉拔道次减面率需要严格控制。

半成品丝材的拉拔总减面率要根据组织结构、变形能力、用途确定，成品丝材的拉拔总减面率主要根据产品标准中的各项技术指标确定，无相应标准时根据用途确定。总减面率的选择是，既使钢丝强度达到要求，又得到较高的韧性前提下，使中间热处理次数最少，工艺循环周期最短。

道次减面率的分配需考虑丝材的变形抗力、冷加工强化系数，拉拔润滑和冷却方式、力学性能和工艺性能要求等。道次减面率的分配原则：从有利于钢丝拉拔中润滑及成品钢丝表面质量出发，目前普遍采用第一道及最后一道的拉拔选取较小部分压缩率，第二道取最大部分压缩率，随后平稳或逐道减小的分配原则。这种分配方式对钢丝韧性有利，特别是在扭转试验时由于表面质量较好，易于获得平整断口。对成品钢丝的机械性能要求不高者，部分压缩率的分配可根据具体情况适当调整，但一般仍遵循上述分配原则。

3.1.5.7　反拉力

反拉力拉拔时，拉拔力随反拉力增加而增大。但是，拉拔力所增大的值并不等于反拉力的值，这是因为模座上的压力不是一个常数，而是随着反拉力的增大而相应减小的。在带反拉力拉拔时，模座上的压力随反拉力的升高而降低，这样就可使模座压力减少，而提高拉丝模使用寿命。同时，由于钢丝与模壁间摩擦力的降低，可减少钢丝表面与拉丝模发热，从而能改善钢丝力学性能。

3.1.6　拉拔时钢丝性能的变化

热轧线材在通过冷拔加工后除获得所需要的外形及断面尺寸的钢丝产品外，钢丝的力学性能、工艺性能、物理性能也发生较大的变化。

3.1.6.1　力学性能

随着总压缩率的增加，钢丝产生"冷加工强化"：抗拉强度、弹性极限和屈服极限增高，硬度增大；断后伸长率和断面收缩率随压缩率增大而减小。不同钢种、不同牌号的钢丝的冷加工强化系数不一样，一般说来，随含碳量增大，钢丝的冷加工强化系数成正比增大。

3.1.6.2　工艺性能

A　成型性能

反复弯曲、缠绕和扭转通称为韧性指标，是弹簧钢丝的重要考核指标。反复弯曲次数、缠绕性能和扭转次数是随拉拔减面率的增加而缓慢下降的，但又并非完全如此。因为这三项指标除受冷加工强化影响外，还受钢的化学成分、纯净度、组织结构的均匀性、气体含量（尤其是 [H] 含量）、钢丝残余应力的分布状况，以及应变时效脆化效应的影响，而且后者的作用往往远大于前者。通过调整化学成分和拉拔工艺，钢丝在获得预定抗拉强度的同时，可以得到不同等级的韧性指标。

不同组织结构的钢丝在冷拉过程中力学性能和工艺性能变化规律不尽相同，用以索氏体组织为主的碳素钢丝为例，研究冷拉减面率对其力学性能和工艺性能的影响，如图 3-3 所示，能反映出钢丝冷拉时性能变化的基本趋势。

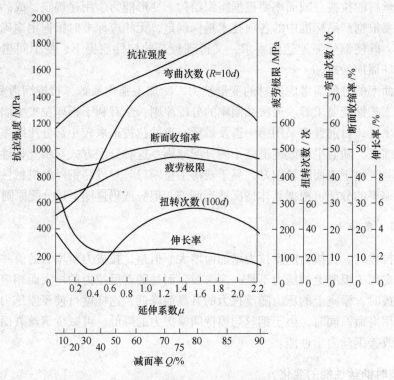

图 3-3　冷拉对钢丝力学性能和工艺性能的影响

B　疲劳极限

工程中用疲劳极限来衡量弹簧钢丝的疲劳性能好坏，一般将经 10^7 次循环动作，不产生断裂时的最大负载应力称为疲劳极限。弹簧钢丝的疲劳极限与钢丝的表面质量（有无裂纹、划伤、凹坑和毛刺等缺陷），有无脱碳层，钢的纯净度和次表层夹杂分布状况，以及钢丝横截面硬度和应力均匀性密切相关。一般说来，弹簧钢丝的疲劳极限与钢丝的屈服极限成正比，要提高疲劳极限就应设法提高钢丝屈服强度，或提高屈强比。拉拔早期疲劳极限随抗拉强度同步上升，达到抗拉强度的 30% 时开始下降，与韧性指标的扭转次数有相似的变化规律。碳含量越低疲劳极限的峰值向更高减面率方向移动；在碳含量固定条件下，铅淬温度越高（抗拉强度偏低），疲劳极限的峰值也向更高减面率方向移动。

C 焊接性

焊接性指材料在限定的施工条件下，焊接成设计要求的构件，并满足预定服役要求的能力。焊接性受材料、焊接方法、构件类型及使用要求四个因素的影响。焊丝的焊接性主要取决于化学成分，碳当量（浓度）（CE）是评估其焊接性常用指标，碳当量（浓度）是把钢中的合金元素的含量换算成碳的相当量，作为评定焊口金属淬硬、冷裂及脆化等性能的参考指标。当 CE < 0.4% 时，焊口金属硬度一般不超过 250HV，焊接性能良好，焊前不需要预热；当 CE > 0.47 时，热影响区的硬度可能超过 350HV，易产生裂纹，焊前必须预热才能防止产生裂纹。碳当量（CE）常用计算公式如下：

$$CE = w(C) + w(Mn)/6 + w(Si)/24 + w(Cr)/5 + w(Ni)/15 + w(Mo)/4 + w(Cu)/13 + w(P)/2 + w(V)/10$$

冷拉对焊接性能无直接影响，但为保持平直度，焊丝一般以轻拉和冷拉状态交货。中细规格的气体保护焊丝和埋弧焊丝，为保证送丝顺畅，要求以较高抗拉强度交货，规格越细强度要求越高，一般要求 $\phi 2.0mm$ 的焊丝，R_m 控制在 900 ~ 1150MPa；$\phi 0.8mm$ 的焊丝，$R_m \geq 1100MPa$。

D 切削性能

冷加工变形对大多数钢的切削性能有增进，易切削钢尤其是这样。当然由于冷加工硬化引起的强度升高，致使切削困难是另一回事。

3.1.6.3 物理性能

A 密度

一般说来，钢丝经冷加工后其密度稍有下降。$w(C) = 0.7\%$ 的碳素钢经 96.5% 的减面率拉拔后，密度由原来的 7.851 降至 7.822。

B 电阻率

大部分钢丝经冷加工后电阻率增加，也有部分丝材（如 Cr20Ni80、0Cr25Al5 等）经拉拔后电阻率下降。这种现象称为电阻反常变化。

C 耐腐蚀性能

冷拉的钢丝的耐腐蚀性能较原来（热处理状态）有所下降。此外，组织结构对钢丝的耐腐蚀性能有决定性的影响：碳素钢丝在索氏体状态下耐应力腐蚀性能最好，奥氏体不锈钢丝在固溶状态下耐腐蚀性能最好，马氏体不锈钢丝在淬火 – 回火状态下耐腐蚀性能最好。

D 弹性模量

拉伸弹性模量（E）和切变弹性模量（G）随拉拔减面率的增加有所下降，消除残余应力处理或时效处理后，弹性模量可以恢复到原有水平。

3.1.7 拉丝缺陷

对于成品钢丝，按相应标准对钢丝表面、尺寸公差和力学性能都有严格要求，但是在拉丝生产中，由于原料、设备、工艺条件、操作等因素会造成钢丝缺陷，使产品质量不合格，这是在钢丝生产中经常可能碰到的。为此我们必须找出造成各种废次品的原因，及时采取措施，以确保钢丝生产的正常进行。

3.1.7.1　尺寸不合格

A　成品钢丝尺寸超出正偏差

对于新换上的拉丝模应进行测量、以防"错号"，或者模子制造误差引起的尺寸超差。拉拔过程中应根据润滑和表面色泽控制拉拔速度，并且拉丝模不断磨损，操作者应勤检查钢丝直径，按成品钢丝尺寸公差要求及时更换拉丝模。

B　成品钢丝尺寸超出负偏差

成品钢丝尺寸超出负偏差，通常称之为"缩丝"，主要原因是由于成品模孔润滑不良。这种现象多发生于拉丝速度较高的情况下，磷化表面不佳，拉至成品时的磷化膜遭到破坏，或者拉丝模入口锥角度太小，或入口端堵塞，使润滑剂带不进，造成"缩丝"。解决方法是操作者应及时搅拌盒内润滑剂，注意改善钢丝表面磷化质量，若模子堵塞应及时清理或更换拉丝模。

C　钢丝不圆度超过规定

产生原因是：一方面由于拉丝模本身制造误差；另一方面是钢丝表面局部酸洗不净，磷化不好，造成拉丝模磨损不均，变形不均所致。对此应采取的相应措施：更换拉丝模；提高钢丝表面处理质量；加强拉丝润滑效果。

3.1.7.2　刮伤

钢丝表面有划痕，明显的肉眼可见，轻微的用手指甲横向刮钢丝表面能感觉出来。这种划痕通常是通条连续的。产生的原因：拉丝模具加工不良，模孔表面光洁度差；或者钢丝表面氧化皮未洗干净；或者是模子开裂损坏等。为此应及时更换拉丝模，并加强润滑。

3.1.7.3　结疤

结疤呈"舌头形"或"指甲形"，宽而厚的部分与钢基体相连（生根结疤），经拉拔后结疤的一端翘起（翘皮）。这是由于原料有结疤或翘皮而引起的，另外，钢丝表面留着没有洗净的氧化皮或石灰中的坚硬颗粒，在拉拔时被压在钢丝表面层，形成氧化疤或石灰疤等。

3.1.7.4　裂纹

A　纵向裂纹

裂缝、裂纹一般出现在钢丝表面，并沿钢丝纵向产生，多与拉拔方向一致。产生原因比较复杂，多为原料有裂纹、皮下气泡、夹杂物所造成。也有是生产工艺过程不当，产生应力裂纹，拉丝变形量过大等引起。

B　横向裂纹

钢丝表面呈横向裂纹，大小、深度不同，分布于局部。产生原因：一方面是由于线材本身内在质量问题，如低碳线材表面硅偏析，或表面增碳等，由于局部硅或碳元素富集，大大降低线材的塑性，拉拔后金属分层即开裂；另一方面是钢丝生产工艺的制订不合理造成的，如总压缩率或部分压缩率过大，产生过拉。也可能是热处理中过热等原因，或者由于拉丝模入口锥角太大，使变形区太短，或拉拔速度太快，润滑不良产生拉丝横裂纹。应根据上述不同原因采取相应改进措施。

3.1.7.5 内裂

丝材在拉拔过程中金属变形不均匀，芯部承受的拉应力最大，中间层次之，表面最小。如果模具工作区角度过大或润滑不良，表层与芯部承受的拉应力差距将进一步增大。另一方面丝材芯部组织结构难免存在疏松、空穴或夹杂等个别缺陷。加上拉拔总减面率或道次减面率偏大，丝材剩余塑性不足。三个因素结合在一起，往往造成丝材芯部出现人字形内裂。

3.1.7.6 竹节

钢丝从最后的成品模出来后，沿其长度方向产生周期性的竹节状起伏。有时由于竹节弯曲度甚小，用肉眼几乎无法辨认，要用手感来鉴别。

"竹节形"钢丝造成的原因，主要有以下三个方面：

（1）钢丝在成品卷筒上积线量过多、过重。一般多发生在细钢丝生产过程中，因为钢丝拉拔力所产生的向上分力较小，不足以克服卷筒上所贮存的钢丝与卷筒间的摩擦阻力，使拉出的钢丝不易顺利地将钢丝上推。于是，被拉出的每一圈钢丝都要被卷筒底部的钢丝轧压一次，这样就形成"竹节形"。解决方法是：首先检查卷筒底部锥度是否正确，若因过度磨损，则应及时检修。如果锥度正确，仍有竹节缺陷，则应减少卷筒上钢丝贮存量，使钢丝易于上升，消除钢丝受弯折的可能性。

（2）由于成品卷筒装配不紧，产生摇摆松动，使拉丝模中心线不与卷筒相切，且不成一直线，钢丝与拉拔方向偏离，则沿钢丝长度方向产生竹节。对此应及时检修传动装置，排除卷筒摇摆现象。

（3）润滑不良造成。当成品模孔润滑剂不易被带入时，由于钢丝变形不均，也造成"竹节形"缺陷。解决方法是将模盒内润滑剂经常搅动，增加钢丝黏附润滑剂的能力，而使变形均匀，由于润滑不良所造成的缺陷，波浪形弯曲度很小。

3.1.7.7 扭曲

冷拉丝材的扭曲是弹性后效在长度方向上的体现，冷拉丝材在拉拔力消失后存在着长度缩短的趋势，变形程度越大，长度方向缩短的趋势也越大，如果丝材四周变形程度不均，弹性后效作用必然使盘卷丝材产生扭曲，扭曲严重时整卷钢丝呈"∞"字形或球形，如图3-4所示。

产生扭曲的根本原因是拉拔时拉拔方向与模孔轴心未重合，造成丝材变形不对称和不均匀。具体影响因素涉及模具，润滑、卷筒和操作四个方面。当然热处理性能不均也是不可忽视的重要因素。

首先应保证模具的镶套质量，模芯与模套必须同心，模具出口端面必须与模孔轴线垂

图 3-4　元宝丝和"∞"字线

直；要彻底去除丝材表面氧化皮，并涂敷适当的润滑载体，选用适当的拉丝润滑剂；要防止因丝材与模具接触面质量的动态变化，涂层和润滑剂质量不好造成局部摩擦条件改变，使丝材外表面受力不均、变形的对称性遭到破坏。

拉丝卷筒和拉丝模盒的相对位置对防止丝材扭曲有决定性的影响，卷筒收线点与模具出口处应保持在同一水平线上；保证丝材以切线方向卷到拉丝卷筒上，即丝材运动方向与卷筒收线点到卷筒中心连线成 90°角，生产中主要依靠调整拉丝模盒的高度，以及与模盒卷筒的相对角度达到上述要求。因为拉拔过程中模孔和丝材的直径不断变化，操作工必须适时调整模盒位置，调整原则是：丝材进入模盒点，离开模具点和卷筒收线点必须在一条水平线上，俗称"三点一线"。同时必须调整好模盒与卷筒的相对角度保证丝材以切线方向卷到拉丝卷筒上。当然上述调整全凭经验，以丝材盘形作为衡量标准，"三点一线"调整目标是盘卷无"元宝形"扭曲；"切线方向"调整目标是盘卷规整，无胀缩圈。

调整盘卷形状也有一些技巧，如常用套模生产改善润滑、保证进线方向与模孔轴线重合，即在工作模前套一个模径相同，孔径比丝大 0.02 ~ 0.05mm 的模具；又如在拉拔后迫使丝材通过一组平、立辊式矫直器再缠绕等，均能有效防止丝材产生扭转变形。

另外为保证拉拔时丝材自动向上滑动，不会造成表面擦伤和扭曲，拉丝卷筒根部通常加工成圆弧状，圆弧 $R \geq 2d$（d 为最大进线丝材的直径）；卷筒积线区通常带一定锥度，锥度随丝材直径减小而增大，随丝材抗拉强度而增大而减小，直径 $\phi 3.0 \sim 10.0$mm 锥度一般控制在 $2.0° \sim 1.0°$，$\phi 3.0 \sim 1.0$mm 锥度一般控制在 $2.0° \sim 3.0°$。

生产较小规格（$\phi \leq 1.5$mm）丝材时，拉丝卷筒直径太大，往往造成丝材丝纵向不均匀增大，每一圈丝材都力求恢复其自然弯曲度，常常往往造成整盘丝扭成"∞"字形或球形，因此要控制卷筒直径，不得大于丝材直径的 450 ~ 500 倍，细钢丝（$\phi \leq 0.5$mm）取上限倍率。

生产较小规格（$\phi \leq 1.5$mm）丝材时，对卷筒直径还有一个下限要求。丝材拉拔后需在拉丝卷筒上盘绕成卷，有的需要经矫直器后重新盘绕，此时丝材均要承受弯曲变形，但应保证丝材外圈表面的伸长率不得超过丝材均匀伸长率（屈服点伸长率）。

3.1.7.8　拉拔断裂

丝材生产的理想状态是拉拔顺畅，质量稳定，但拉拔毕竟受多种因素制约，其中任何一项因素发生变化，改变了塑性变形条件，就会出现拉拔断裂现象。引发拉拔断裂的因素依次有以下几种：

（1）模孔内表面不完善。包括模孔工作区角度超出最佳角度范围、定径区过长、入口锥和出口锥轴线倾斜或角度偏小，上述缺陷需通过模具修整解决。

（2）丝材与模具接触摩擦力增大。包括涂层和润滑剂受潮，或模孔磨损严重、表面粗糙度高、变形区入口出现环状凹陷，无法建立有效润滑膜；润滑剂活性、黏附性差，或耐热、耐压性能不足，造成丝材与模孔内表面出现点状熔接；模具和卷筒冷却不足，丝材拉拔温升超出允许范围等。

（3）丝材表面处理不好。包括氧化皮清除不尽；对氢脆敏感的钢种，酸洗后烘烤不充分，引发氢脆断裂；丝材表面有横纹、飞刺、耳子等缺陷，或丝材在进口处急剧弯曲，丝材带入的油污或灰尘堵塞模孔等。

（4）拉拔工艺问题。包括道次减面率分配不当、拉拔速度过快、反张力选配不合适等。

（5）金属塑性不足。包括丝材热处理不均、局部塑性不足，难变性丝材拉拔过度等。

（6）与操作有关的因素。包括轧尖不圆滑或带飞刺，启动速度太快、冲击力大、无法建立有效润滑等。

（7）与设备有关的因素。包括拉丝机老化、传动不平稳、震动强烈，收线卷筒或水箱塔轮出沟槽夹丝等。

（8）冶金质量因素。造成丝材断裂的冶金质量因素主要有内部夹杂和组织结构缺陷。钢中夹杂一般分为外来夹杂和自生夹杂。组织结构缺陷分低倍缺陷和显微缺陷。钢的纯净度对细丝生产至关重要，尤其是极细丝（直径 $\phi < 0.03\text{mm}$），钢的纯净度不好，拉丝时经常断线，无法正常生产。

（9）电接不良引起断丝。电阻对焊接头操作不当引起电接处拉拔性能低劣而断丝。在断口附近可见表面擦磨痕迹（焊花打磨的痕迹）。

3.1.7.9 钢丝韧性低劣

在拉制高碳钢丝时，由于操作不当或工艺条件差的情况下，造成钢丝韧性下降。最明显的表现是扭转次数极低，弹簧钢丝扭转断口不佳。钢丝韧性值低，造成废品的主要原因是：

（1）冷却效果不好。钢丝经拉拔温度升高，引起强烈的时效硬化，使韧性低劣、扭转试样时表面分层，断口不齐，或早期扭裂，扭转次数低值。这种情况多发生在冷却系统的冷却能力不足，拉丝速度高的情况下。为此，应采取积极措施加强冷却能力。目前所采用的钢丝直接水冷却方法效果很明显。另外，可以适当降低拉拔速度，或采用多道次小的部分压缩率来拉拔。

（2）润滑不佳。润滑不佳的情况下，钢丝表面粗糙度较高，甚至引起表面缺陷，在扭转试验时，引起扭转次数降低。因此，对于综合性能要求较高的钢丝拉拔，例如：弹簧钢丝，除了需要良好的表面涂层外，还要注意拉拔时的润滑效果，采用良好的润滑剂，或操作时经常添加、搅拌润滑剂，以达到提高润滑的效果。

3.1.8 连续式拉丝配模计算

3.1.8.1 配模计算原理

配模丝径与拉拔速度间的关系，连续拉拔示意图如图 3-5 所示。

连续拉丝机各卷筒的线速度是不相
等的，相邻卷筒线速度之比称为机器系
数（ε）即

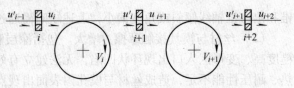

$$\varepsilon_{i+1} = \frac{V_{i+1}}{V_i}\ (\ i = 1,\ 2,\ \cdots,\ n\ )$$

图 3-5　连续拉拔示意图

连续拉丝机正常工作的必要条件
是：单位时间内通过拉丝模孔内的金属
流量必须相等。用公式写成一般形式为：

V_i—第 i 个卷筒的线速度；u_i—钢丝出第 i 个拉丝
模时的线速度；u'_{i-1}—钢丝入第 i 个拉丝模时的线速度

$$F_1 U_1 = F_2 U_2 = \cdots = F_i U_i = \cdots = F_K U_K$$

式中　　U_K——钢丝出成品模时的线速度；

　　　　F_K——钢丝出成品模时的横截面积。

根据体积不变原则，即　　　　　　$F_i U_i' = F_{i+1} U_{i+1}$

因为　　　　　　　　　　　　　$\mu_{i+1} = \frac{F_i}{F_{i+1}}$

所以　　　　　　　　　　　$\mu_{i+1} = \frac{F_i}{F_{i+1}} = \frac{U_{i+1}}{U_i'}$

无滑动连续拉拔时，$U_i = V_i$。

显然，如果 $U_i = U_i'$，则钢丝的输入，输出量是平衡的，此时的拉拔过程是稳定的。
可以得出：

$$\varepsilon_{i+1} = \mu_{i+1}\quad (\ i = 1,2,\cdots,n-1\ )$$

即　　　　　　$\frac{V_{i+1}}{V_i} = \frac{F_i}{F_{i+1}} = \frac{\pi D n_{i+1}}{\pi D n_i} = \frac{n_{i+1}}{n_i} = \frac{d_i^2}{d_{i+1}^2}$

即无滑动连续拉丝机金属秒体积流量平衡的条件是：各道次上的钢丝延伸系数必须与
机器系数一致。

3.1.8.2　直进式拉丝机的配模计算

直进式拉丝机可自动调节卷筒速度，在一定速比范围内，各道次的压缩率可在一定范
围内进行调整变化。因此，可按设计的拉拔工艺确定的部分压缩率进行配模计算。

【例题3-1】　采用直进式拉丝机，拉拔 6 道，由 $\phi 4.0\text{mm}$ 铅淬火拉制 $\phi 2.0\text{mm}$ 的成品
钢丝，计算各道次部分压缩率和各道次钢丝直径。

计算：

（1）求总压缩率：

$$Q = \left(1 - \frac{d_k^2}{d_o^2}\right) \times 100\% = \left(1 - \frac{2.0^2}{4.0^2}\right) \times 100\% = 75\%$$

（2）求平均部分压缩率：

$$q_{cp} = 1 - \sqrt[n]{1 - Q} = 1 - \sqrt[6]{1 - 75\%} = 0.206 = 20.6\%$$

（3）求各道次压缩率的总和：

$$A = q_{cp} \cdot n = 20.6\% \times 6 = 123.6\%$$

（4）分配部分压缩率，使各道次压缩率的和等于 A，通过分配并调整各道次部分压缩

率，按表 3-3 数值计算。

表 3-3 数据

拉拔道次	1	2	3	4	5	6
部分压缩率/%	16.8	26.0	23.0	21.0	20.0	16.5

$$\sum_{i=1}^{n} q_i = A = 16.8\% + 26.0\% + 23.0\% + 21.0\% + 20.0\% + 16.5\% = 123.3\%$$

（5）由各道次压缩率求各道次直径：

$$d_1 = d_0\sqrt{1 - q_1}, \quad d_2 = d_1\sqrt{1 - q_2}$$

依此类推计算结果见表 3-4。

表 3-4 数据

拉拔道次	1	2	3	4	5	6
部分压缩率/%	16.8	26.0	23.0	21.0	20.0	16.5
各道次直径/mm	3.66	3.15	2.76	2.45	2.19	2.00

3.1.8.3 滑动式拉丝机的配模计算

A 滑动式拉丝机的特点

滑动式拉丝机采用液体润滑，适合拉拔细规格钢丝。在滑动拉丝时，钢丝在各卷筒之间，始终是处于一定张力下，即带有反拉力拉拔。

实现滑动连续拉拔的条件：$V_n > U_n$

滑动拉丝机的参数：

滑动率：

$$S_n = \frac{V_n - U_n}{V_n}$$

滑动系数 $\tau_n = \dfrac{V_n}{U_n}$ 为保证实现带滑动的拉拔，$\tau_n > 1$。

$\tau_n = 1.03 \sim 1.05$，实际的 τ_n 取 $1.005 \sim 1.12$，S_n、τ_n 的关系：

$$S_n = 1 - \frac{1}{\tau_n} \quad \text{或} \quad \tau_n = \frac{1}{1 - S_n}$$

由秒体积不变定理，得

$$F_n \cdot U_n = F_{n+1} \cdot V_{n+1}$$

假定 $n+1$ 卷筒上无滑动，即 $U_{n+1} = V_{n+1}$。

所以 $F_n \cdot U_n = F_{n+1} \cdot V_{n+1}$，代入得

$$S_n = 1 - \frac{F_{n+1} \cdot V_{n+1}}{F_n \cdot V_n} = 1 - \frac{\varepsilon_{n+1}}{\mu_{n+1}}$$

式中　ε_{n+1}——$n+1$ 道次机器系数；

　　　μ_{n+1}——$n+1$ 道次延伸系数。

所以

$$\tau_n = \frac{V_n}{U_n} = \frac{V_n \cdot F_n}{F_{n+1} \cdot V_{n+1}} = \frac{\mu_{n+1}}{\varepsilon_{n+1}}$$

又因为 $\tau_n > 1$

所以
$$\mu_{n+1} > \varepsilon_{n+1}$$
$$\mu_{n+1} = \varepsilon_{n+1} \cdot \tau_n$$

$$\mu_{n+1} = \frac{d_n^2}{d_{n+1}^2} \qquad d_n^2 = d_{n+1}^2 \cdot \mu_{n+1} \qquad d_n = d_{n+1}\sqrt{\mu_{n+1}}$$

$$d_n = d_{n+1}\sqrt{\varepsilon_{n+1} \cdot \tau_n} \qquad \varepsilon_{n+1} = \frac{V_{n+1}}{V_n} = \frac{\pi D_{n+1} \cdot n_{n+1}}{\pi D_n \cdot n_n}$$

$$d_n = d_{n+1}\sqrt{\frac{D_{n+1} \cdot n_{n+1}}{D_n \cdot n_n} \cdot \tau_n}$$

B　滑动拉丝配模计算举例

有 10/250 水箱拉丝机，用 ϕ1.7mm 的原料拉拔 ϕ0.8mm 的成品钢丝，计算拉拔道次及各道次钢丝直径（已知 $D_{成品} = 250$mm，$D_1 = 226$mm，$D_2 = 189$mm，$D_3 = 158$mm，$D_4 = 132$mm；$n_2 : n_3 = 45:22$，$n_2 : n_1 = 48:28$）。

（1）计算各道次的机器系数：

因为
$$\varepsilon_n = \frac{V_n}{V_{n-1}} = \frac{D_n \cdot n_n}{D_{n-1} \cdot n_{n-1}}$$

所以
$$\varepsilon_{10} = \frac{250}{226} = 1.106$$
$$\varepsilon_9 = \frac{226}{189} = 1.196$$
$$\varepsilon_8 = \frac{189}{158} = 1.196$$
$$\varepsilon_7 = \frac{158}{132} = 1.197$$
$$\varepsilon_6 = \frac{132}{226} \cdot \frac{45}{22} = 1.195$$
$$\varepsilon_5 = \frac{226}{189} = 1.196$$
$$\varepsilon_4 = \frac{189}{158} = 1.196$$
$$\varepsilon_3 = \frac{158}{226} \cdot \frac{48}{28} = 1.199$$
$$\varepsilon_2 = \frac{226}{189} = 1.196$$

（2）确定拉拔道次 n：

总的延伸系数
$$\mu_{总} = \frac{d_0^2}{d_k^2} = \frac{1.7^2}{0.8^2} = 4.516$$

各道次平均延伸系数
$$\mu_{均} = \sqrt[n]{\mu_{总}} = \sqrt[9]{4.516} = 1.182$$

拉拔道次
$$n = \frac{\lg\mu_{总}}{\lg\mu_{均}} = \frac{\lg 4.516}{\lg 1.182} = \frac{0.6548}{0.0726} = 9.0$$

（3）计算各道次拉丝模直径。假定各道次的滑动系数 τ 分别为：

$$\tau_9 = 1(第九道次无滑动), \tau_8 = 1.02, \tau_7 = 1.02, \tau_6 = 1.02,$$
$$\tau_5 = 1.02, \tau_4 = 1.01, \tau_3 = 1.005, \tau_2 = 1.005, \tau_1 = 1.005$$

由 $d_n = d_{n+1} \cdot \sqrt{\varepsilon_{n+1} \cdot \tau_n}$，可得

$$d_9 = 0.8 \ (mm)$$
$$d_8 = 0.8 \times \sqrt{1.196 \times 1.02} = 0.85(mm)$$
$$d_7 = 0.85 \times \sqrt{1.196 \times 1.02} = 0.93(mm)$$
$$d_6 = 0.93 \times \sqrt{1.197 \times 1.02} = 1.03(mm)$$
$$d_5 = 1.03 \times \sqrt{1.195 \times 1.02} = 1.14(mm)$$
$$d_4 = 1.14 \times \sqrt{1.196 \times 1.01} = 1.25(mm)$$
$$d_3 = 1.25 \times \sqrt{1.196 \times 1.005} = 1.37(mm)$$
$$d_2 = 1.38 \times \sqrt{1.199 \times 1.005} = 1.51(mm)$$
$$d_1 = 1.51 \times \sqrt{1.196 \times 1.005} = 1.66(mm)$$

以上是设计计算给出的各道次滑动系数。实际上，在正常拉拔过程中，各卷筒上的钢丝时而紧绕塔轮，时而又松开打滑。当拉丝模产生不均匀磨损，卷筒上的滑动量也会发生变化。卷筒上存在的滑动均是累积滑动，τ_{k-1} 具有向前面所有道次上传播和累积的作用。越是前面道次的实际滑动量比设计的滑动量越大，对钢丝表面不利，加重卷筒的磨损。

3.1.9 拉丝操作

3.1.9.1 职业守则

遵守法律、法规和有关规定；爱岗敬业，忠于职责，自觉履行各项职责；工作认真负责，严于律己；刻苦学习，钻研业绩，努力提高思想和科学文化素质；谦虚谨慎，团结协作，主动配合；严格遵守工艺文件，保证质量；重视安全、环保，坚持文明生产；严格执行生产指令；互帮互学团结合作；爱护生产设备及机具；文明生产，保持生产现场环境整洁。

3.1.9.2 开车前的准备

A 明确生产任务

了解生产产品的名称，对产品技术性能的要求，成品规格，产量任务等，做到对生产的任务和质量要求心中有数。

B 观察了解原料情况

应了解原料的直径、钢号（或含碳量）。观察原料表面处理质量如何，即表面铁皮是否洗净、锈化或磷化色泽和厚度，烘干程序等等。了解了原料的情况以后，以便处理拉拔中的故障和缺陷。

C 设备检查

拉丝操作前先检查设备电器开关、手柄控制系统是否失灵，传动或运转部分是否异

常；如检查卷筒的磨损程度及粗糙度；卷筒锥部斜度是否符合要求；水冷系统（卷筒风冷及水冷，模子水冷和钢丝直接水冷却装置）是否完好。否则应停车采取措施，不然会对钢丝质量产生严重影响。

3.1.9.3　模盒及水箱处理

A　模盒

拉丝模盒应保持清洁，要经常清除氧化皮和脏物。如发现拉丝粉受潮或焦化结块应及时更换。

校正拉丝模的位置，校准后紧固，以防止摆动，使拉丝模倾斜。从而产生螺旋线、"∞"字线等。

B　水箱

水箱拉拔要定期清理池底和箱底的残渣、拉拔末屑等。肥皂液要循环过滤冷却。塔轮磨损严重要修理更换，以保证一定速比要求。

3.1.9.4　压头、挂车等操作

A　压头

钢丝压头应按孔型大小顺序轧制，不应跳槽，以免轧扁，甚至损坏轧辊。压光部分应该圆正，不准有飞边裂纹，否则容易黏附拉丝模，造成刮伤（多见于低碳钢丝）。压光长度应保证能透出模盒一定长度。

B　挂车

挂车前准备工作：首先选择好模子，选择的模子入口角不能太小，否则皂粉不易带入，模子的底部要平整，模孔光洁、模子外套要周正（方便调节模子位置）。模子尺寸选择适当，模子直径偏差和椭圆度应在允许范围内，尤其水箱拉丝机要严格执行配模规定，以减少断丝和塔轮的磨损。拉丝模放正固定好准备挂车。

挂车时，将钢丝压尖穿出模盒部分，用吊钳（链条夹钳）咬头要牢固，先在拉丝机上拉出一段长度，再调整咬头，逐个卷筒穿模挂车。

操作时，先开车卷绕 10～20 圈，待钢丝上升，链条自然松动，即停车脱链，再检查成品钢丝直径公差、表面质量和平整度，合格后再将钢丝弯成一个扎钩挂在卷筒上正式开车。挂头时要将卷筒上的钢丝拉紧，以免由于松弛而产生大圈丝。

C　拉拔过程中的操作

（1）正常生产中要控制拉拔速度适宜，速度保持均匀。以表面处理、冷却和润滑情况选择拉拔速度。

（2）勤搅拌拉丝粉，以防止钢丝入口处产生空穴，勤添加拉丝粉，保持润滑剂的高度，使润滑剂有效且均匀地附着于钢丝表面。

（3）勤观察，勤调节冷却水。以防止冷却水系统堵塞，及时清理堵塞物，使水流畅通且充足。

（4）拉拔过程中，应注意成品钢丝的盘重要求，及时卸下成品钢丝，保持钢丝清洁，

按规定留取试样送检，钢丝盘捆扎牢固，并挂上标志。

3.2 应知训练

3.2.1 单选题

（1）有几台拉丝机，卷筒的直径相同，但转速不同，其中转速越高的线速度（ ）。

    A. 越高   B. 越低   C. 可能高也可能低

（2）拉丝模模套与模芯的装配是（ ）配合。

    A. 间隙   B. 过渡   C. 过盈

（3）直线式拉丝机的最大特点是钢丝在拉拔过程中受力（ ）。

    A. 较小   B. 均匀   C. 较大

（4）钢丝与模孔的摩擦属于（ ）摩擦。

    A. 动   B. 静   C. 滚动

（5）在一定压缩率下，增大拉丝模工作锥角度，拉力（ ）。

    A. 减小   B. 增大   C. 不变

（6）线材拉伸时，断面的压缩是在模孔的（ ）区内完成的。

    A. 入口   B. 工作   C. 定径

（7）拔前进行铅淬火的目的是（ ）。

    A. 去除氧化皮   B. 获得较高硬度   C. 获得利于拉拔组织和较好的性能

（8）拉丝的"三点一线"中"三点"不包括（ ）。

    A. 卷筒中心   B. 拉丝模孔   C. 卷筒圆周切点

（9）实现稳定的滑动拉拔基本条件是卷筒的圆周速线度（ ）钢丝的拉拔速度。

    A. 大于   B. 小于   C. 等于

（10）滑动式连续拉伸，除进线第一道外，其余各道均存在（ ）。

    A. 拉伸力   B. 摩擦力   C. 反拉力

3.2.2 判断题

（1）压缩率是指钢丝拉拔前后截面积之比。（ ）

（2）金属在塑性变形过程中其密度和体积变化不显著。（ ）

（3）拉拔时钢丝在模孔变形区内所受的外力有拉拔力、正压力、外摩擦力。（ ）

（4）摩擦力大小取决于三要素：正压力、摩擦系数和接触面积。（ ）

（5）拉丝模质量的好坏仅取决于拉丝模材质。（ ）

（6）"缩丝"主要原因是由于成品模孔润滑不良。（ ）

（7）在带反拉力拉拔时，模座上的压力随反拉力的升高而升高。（ ）

（8）拉丝润滑方式可分为干式润滑和湿式润滑两种。（ ）

（9）拉丝生产中，生产人员要爱护生产设备及机具，保持生产现场环境整洁。（ ）

（10）直线型拉丝模具由入口区、工作区、定径带和出口区组成。（ ）

3.3　技能训练

实训任务　拉丝操作

【实训目的】

（1）熟悉拉丝机的操作。

（2）掌握拉丝工艺过程。

【操作步骤】

（1）做好开车前的准备工作（包括明确生产任务、原料情况、设备检查）。

（2）调整模盒、安装模具、添加润滑剂。

（3）压尖操作。

（4）挂车。

（5）开车拉拔。

（6）下线。

【训练结果评价】

（1）学生自评，总结个人实训收获及不足。

（2）小组内部互评，根据学生实训情况打分。

（3）教师根据训练结果对学生进行口头提问，给学生打分。

（4）教师根据以上评价打出综合分数，列入学生的过程考核成绩。

模块4 典型钢丝产品生产技术

【知识要点】

典型钢丝产品的生产工艺。

【技能目标】

熟悉典型钢丝产品的生产。

4.1 知识准备

4.1.1 混凝土用钢材的生产

预应力是指为了改善结构或构件在各种使用条件下的工作性能和提高其强度而在使用前预先施加的永久性内应力。

把在使用情况下受拉的混凝土，在使用前先给其施加压力，这样当使用时，在外荷载作用下混凝土受的拉力先要抵消预加的压力以后混凝土才开始受拉，于是提高了混凝土的抗拉能力，也就是提高了混凝土的抗裂性能。这种在外荷载作用之前，预先加压的过程，称为预加压力，由预加压力在混凝土内所引起的应力，称为预应力。预应力混凝土构件就是具有预加应力的混凝土构件。预应力混凝土可分为先张法和后张法两种。先张法是先张拉预应力筋，后浇灌混凝土的生产方法。后张法是先浇灌混凝土，等达到规定强度后再张拉预应力筋的生产方法。先张法是靠预应力筋与混凝土的握裹力，把预应力传给混凝土。后张法是靠锚具传递预应力的。

预应力混凝土构件具有的优点：

（1）改善使用阶段的性能。可延缓裂缝出现并降低较高荷载水平时的裂缝开展宽度；也能降低甚至消除使用荷载下的挠度，因此可跨越大的空间，建造大跨度结构。

（2）提高受剪承载力。纵向预应力可延缓结构中斜裂缝的形成，提高受剪承载力。

（3）改善卸载后的恢复能力。卸荷后，预应力会使构件裂缝完全闭合，改善结构构件的弹性恢复能力。

（4）提高耐疲劳强度。

（5）充分利用高强度钢材，与热轧材比，可以节省钢材 1~2 倍，同时还可以节省混凝土 45%~50%，减轻结构自重。

（6）可调整结构内力。将预应力对结构的作用作为平衡全部或部分外荷载的反向荷载，成为调整结构内力和变形的手段。

（7）由于预应力混凝土构件使用钢材及混凝土浇筑，劳动生产率高、工期短，可加快工程进度。

预应力钢筋混凝土结构主要使用在大型桥梁、屋架、吊车梁、工业以及民用预制楼板、轨枕、管桩、电杆、大口径预制管道、原子能发电站许多工程方面。

4.1.1.1　预应力钢丝

预应力钢丝是预应力混凝土结构用碳素钢丝的简称。《预应力混凝土用钢丝》GB/T 5223—2014 摘要。

A　分类

（1）钢丝按加工状态分为冷拉钢丝和消除应力钢丝两类，其代号为：冷拉钢丝 WCD、低松弛钢丝 WLR。

（2）钢丝按外形分为光圆、螺旋肋、刻痕三种，其代号为：光圆钢丝 P、螺旋肋钢丝 H、刻痕钢丝 I。

B　标记示例

直径为 4.00mm，抗拉强度为 1670MPa，冷拉光圆钢丝，标记为：

预应力钢丝 4.00—1670—WCD—P—GB/T 5223—2014

直径为 7.00mm，抗拉强度为 1570MPa，低松弛的螺旋肋钢丝，标记为：

预应力钢丝 7.00—1570—WLR—H—GB/T 5223—2014

C　表面质量

钢丝表面不得有裂纹和油污，也不允许有影响使用的拉痕、机械损伤等。允许有深度不大于钢丝公称直径4%的不连续纵向表面缺陷。除非供需双方另有协议，否则钢丝表面只要没有目视可见的锈蚀凹坑，表面浮锈不应作为拒收的理由。消除应力的钢丝表面允许存在回火颜色。

D　盘重

每盘钢丝由一根组成，其盘重不小于 1000kg，不小于 10 盘时允许有 10% 的盘数不足 1000kg，但不小于 300kg。

E　盘内径

冷拉钢丝的盘内径应不小于钢丝公称直径的 100 倍；消除应力钢丝的公称直径 $d \leqslant$ 5.0mm 的盘内径不小于 1500mm，公称直径 $d > 5.0$mm 的盘内径不小于 1700mm。

F　生产工艺分析

冷拉钢丝：经冷拔后直接用作预应力混凝土配筋的预应力钢丝称为冷拉钢丝。它的盘径基本等于拉丝机卷筒的直径，开盘后钢丝呈螺旋状，没有良好地伸直性，不便于施工。冷拉预应力钢丝主要用来制造预应力混凝土轨枕和小直径的预应力混凝土管。

松弛钢丝：钢丝冷拔后经高速旋转的矫直辊筒矫直，并经消除应力回火得到矫直回火钢丝，这种钢丝属于普通松弛级。钢丝冷拔后，经在张力下消除应力回火的稳定化处理得到低松弛级预应力钢丝。

a　预应力混凝土用钢丝的工艺流程

（1）低松弛级光面钢丝：索氏体盘条→酸洗→磷化→沾硼砂或沾白灰→烘干→拉拔→

打轴→稳定化处理→检验→入库。

（2）低松弛级刻痕（螺旋肋）钢丝：索氏体盘条→酸洗→磷化→沾硼砂或沾白灰→烘干→拉拔→打轴→刻痕或刻槽→稳定化处理→检验→入库。

（3）冷拉钢丝：索氏体盘条→酸洗→磷化→沾硼砂或沾白灰→烘干→拉拔→检验→入库。

b 盘条

用来拉制预应力钢丝的盘条，应按 GB/T 24238—2009《预应力钢丝及钢绞线用热轧盘条》的要求供应。

盘条碳的质量分数一般在 0.7%～0.9% 之间。由转炉或电炉冶炼，并应经过炉外精炼。

盘条的显微组织应主要为索氏体组织，索氏体率应不少于85%。不应有马氏体、全封闭网状渗碳体等有害的组织。

盘条应进行脱碳层深度检验，盘条一边总脱碳层（全脱碳＋部分脱碳）深度不得大于公称直径的 1.5%。

盘条表面应光滑，不应有裂纹、折叠、耳子、结疤、分层等对使用有害缺陷。盘条表面允许有（或深度）不大于 0.01mm 的麻点、凹坑、划伤和氧化皮压入等轻微的局部缺陷。

c 预应力钢丝的消除应力（矫直回火和稳定化处理）工艺

（1）矫直回火。钢丝经矫直回火后得到普通松弛级预应力钢丝。

预应力钢丝的矫直回火作业线：放线架→矫直机→铅回火槽→水冷槽→收线机。

矫直机主要由高速旋转的矫直辊筒和牵引辊组成。矫直辊筒内装有 5 块交错布置的矫直模，钢丝通过矫直辊筒得到矫直。矫直后的钢丝进入铅回火槽，在 380～400℃的铅液中进行回火处理。回火处理目的是消除钢丝中的部分残余应力，使钢丝的抗拉强度、屈服强度和伸长率增加，增大屈强比，改善钢丝的应力松弛性能，但钢丝的反复弯曲次数有所下降。回火后的钢丝进入水冷槽冷却，然后收卷成直径 1.7m 的盘。水冷却除了降低钢丝温度避免操作工人烫伤外，还可使钢丝的伸直性得到"固定"。

刻痕钢丝也称周期断面钢丝或规律变形钢丝。为了增强预应力钢丝与混凝土的握裹力，用冷轧或冷拔的方法，在钢丝表面刻出凸纹或凹痕，可带纵肋或不带纵肋，也可刻成"麻花"（阴螺纹）状及螺旋肋的。目前我国刻痕钢丝大多刻成月牙形的凹痕。在拉拔最后一道时用螺旋模，即可生产出螺旋肋钢丝。

（2）稳定化处理。稳定化处理是确保低松弛的关键工序，如图 4-1 所示。经稳定处理后得到低松弛级预应力钢丝。

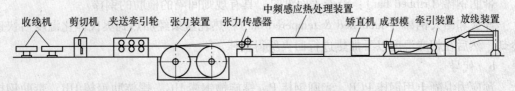

收线机　剪切机　夹送牵引轮　张力装置　张力传感器　中频感应热处理装置　矫直机　成型模　牵引装置　放线装置

图 4-1　钢丝稳定化处理生产线示意图

由于预应力钢材的应力松弛，预应力混凝土结构中的预应力值逐渐下降，使结构达不到设计寿命，提前破坏。因此人们努力想办法来降低预应力钢丝和钢绞线的应力松弛损失。到目前提高预应力钢丝松弛性能的办法有三种：超张拉；微合金化；稳定化处理。其中以稳定化处理后钢材质量较好，故应用较普遍。

1964 年，英国索莫萨特公司（Somerset Co.），首先研制出稳定化处理工艺（stablizing），该工艺是钢丝（或钢绞线）在承受 30% ~ 50% 抗拉强度的张力下，进行消除应力回火（350 ~ 400℃）。这种回火也称"应变回火"。经这种方法处理后的钢丝的松弛值只有矫直回火的 1/4 左右。

预应力钢丝稳定化处理作业线的工艺流程图如下：

放线→矫直→第一组张力轮→中频感应加热炉→冷却水槽→压缩空气干燥器→第二组张力轮→牵引装置→剪切机→收线

钢丝的张力可以用两种方法获得，一是利用两组张力轮的速差使钢丝得到张力；二是利用拉拔力作为钢丝的张力，即放线架上的半成品钢丝的直径要比成品钢丝的大，留有10% ~ 15% 的压缩变形量，该钢丝通过机组中的拉丝模拉成最终成品，第二组张力轮相当于拉丝机的拉拔卷筒。

钢丝在频率为 6 ~ 8kHz 的中频感应炉中加热到 350 ~ 400℃，以消除其部分残余应力，"钉扎"住金属内部的位错，达到稳定化处理的预期目的，获得低松弛级的预应力钢丝。

如需要刻痕的低松弛级预应力钢丝，把作业线中的刻痕机投入即可得到各种痕的刻痕钢丝；把拉丝模换成螺旋模即可得到低松弛级螺旋肋预应力钢丝。

4.1.1.2　预应力钢棒

预应力混凝土用钢棒（也叫管桩钢丝，PC 钢棒）主要用作高强度预应力混凝土管桩（PHC）的配筋。

PHC 管桩对预应力钢棒的要求：(1) 有一定的抗拉强度和屈服强度；(2) 良好的可焊性；(3) 良好的可镦性和伸直性；(4) 低的应力松弛损失和高的与混凝土的黏结力（握裹力）。

A　《预应力混凝土用钢棒》GB/T 5223.3—2005 摘要

标准适用于预应力混凝土用光圆、螺旋槽、螺旋肋、带肋钢棒。

a　分类

光圆钢棒（plain bar）：横截面为圆形的钢棒。

螺旋槽钢棒（helical grooved bar）：沿着表面纵向，具有规则间隔的连续螺旋凹槽的钢棒。

螺旋肋钢棒（helical ribbed bar）：沿着表面纵向，具有规则间隔的连续螺旋凸肋的钢棒。

带肋钢棒（ribbed bar）：沿着表面纵向，具有规则间隔的横肋的钢棒。

淬火和回火钢棒（quenched & tempered bar）：热轧盘条经加热到奥氏体化温度后快速冷却，然后在相变温度以下加热进行回火所得钢棒。

b　代号

预应力混凝土用钢棒 PCB，光圆钢棒 P，螺旋槽钢棒 HG，螺旋肋钢棒 HR，带肋钢棒R，普通松弛 N，低松弛 L。

c　标记

标记内容。按 GB/T 5223.3—2005 交货的产品标记应含下列内容：

预应力钢棒、公称直径、公称抗拉强度、代号、延性级别（延性 35 或延性 25）、松弛（N 或 L）、标准号。

标记示例：

公称直径为 9mm，公称抗拉强度为 1420MPa，35 级延性，低松弛预应力混凝土用螺旋槽钢棒，其标记为：PCB 9-1420-35-L-HG-GB/T 5223.3。

B　预应力钢棒生产工艺流程

放线→机械弯曲除锈→拉拔→矫直→定径→刻槽成型→中、高频感应加热→水淬火→中频感应加热回火→冷却→夹送辊→活套→飞剪→收线→成品检验试验→包装入库。

原材料选择：制造钢棒用原材料为低合金钢热轧圆盘条，其尺寸、外形及允许偏差应符合 GB/T 14981—2009 及 GB 1499（3 个）标准相应规定，表面质量应符合 GB/T 4354—2008 标准相应规定。各牌号化学成分熔炼分析中的杂质含量应符合：$w(P) \leqslant 0.025\%$，$w(S) \leqslant 0.025\%$，$w(Cu) \leqslant 0.25\%$。大多数为 27SiMnB、30Si2MnB、30MnSi、25MnSiV、30MnSiV 等，实际上，为了焊接的要求，碳含量 $w(C) > 0.35\%$。

拉拔：拉拔的压缩率很小，基本上是起定径作用，如应用较多的 $\phi9.0mm$ 钢棒就用 $\phi10.0mm$ 盘条做原料。

刻槽：刻槽是用旋转模来实现的，旋转模有用电机驱动的带动力的主动模和无动力的从动（自转）模两种。

钢棒淬火前用感应电源对其加热，在居里点前（768℃）采用中频感应加热，其频率一般为 4~10kHz；在居里点后采用高频感应加热，其频率为 30~100kHz；中频段加热温度为 720~760℃，高频段加热温度为 940~960℃。钢棒加热后的金相组织是奥氏体。

加热后的钢棒用水淬火后得到马氏体组织。淬火水槽水温在生产中应是恒定的，用测温计测量其温度，由电磁阀控制水量。

随后用频率为 4~8kHz 的中频感应回火，回火温度为 400~450℃，回火后的组织为回火索氏体或回火屈氏体。

4.1.1.3　钢纤维

钢纤维是当今世界各国普遍采用的混凝土增强材料。它具有抗裂、抗冲击性能强、耐磨强度高、与水泥亲和性好，可增加构件强度，延长使用寿命等优点。

用于混凝土的钢纤维，按照制造方法大致分为切断纤维、剪切纤维、切削纤维、熔钢抽丝纤维四种。

A　切断纤维

切断纤维是将钢丝冷拉至规定的纤维直径，然后用截切器切成规定的长度。生产工艺流程：低碳盘条→表面处理→冷拉→并丝上胶→烘干剪切→打包。这种纤维的特点是抗拉强度非常高，截面尺寸便于统一。在进行一定的外形加工后，有很好的黏结性能。对有防腐要求的应用领域，可用镀锌钢丝来制作钢丝纤维。

B　剪切纤维

剪切纤维是将冷轧钢板剪切而成。将宽板用轮切加工成带状，宽度为纤维长度的板条，连续沿板边按规定的纤维截面尺寸剪切成截面为矩形的直纤维。对直纤维进一步加工也可形成各种变形纤维。剪切型钢纤维可生产平直微扭形、波浪形、端钩形、弓形和压痕形等多种形状的产品。

C　切削纤维

原材料为厚钢板，用旋转的平刃铣刀切削而成，纤维的长度垂直于纸面方向，这种纤维的特点是有很大的塑性变形。因此，只需用普通软钢做原料，通过加工硬化，能得到原材料两倍半的强度，并且，由于切削所造成的复杂的表面线条，使其与混凝土的黏结强度也高。这一方法是日本东大生产技术研究所的中川助教创造的，若能实用，将是生产钢纤维较经济的方法。

D　熔钢抽丝纤维

把边缘带有多刃圆形的圆盘在熔化的钢水表面上接触旋转，在盘叶接触钢水的瞬间，将凝固的熔钢拉出，靠离心力使纤维飞离圆盘。圆盘采用水冷，要生产短纤维，圆盘边沿做成缺口状。这种制造方法是由美国伯替尔（Battelle）发明的，其工艺简单，便于大批生产，成本较低。

4.1.2　冷镦钢丝的生产

冷镦钢丝又称铆螺钢丝或冷顶锻钢丝，主要用于制造螺栓、螺钉、螺柱、螺母和铆钉等紧固件。冷镦钢丝具有的基本性能有冷镦性能、显微组织、非金属夹杂物、低倍组织、脱碳层、晶粒度、表面质量和化学成分。

4.1.2.1　碳素冷镦钢丝

A　冷镦钢丝球化处理

要想获得冷镦钢丝的理想球化组织，需要进行球化处理。

高速线材显微组织均匀，为细片状珠光体，容易球化。中小规格钢丝可采用球化方法是：钢丝加热到700℃左右，保温一段时间后出炉。大规格钢丝可采用球化方法是：钢丝加热到 A_{c1} 以上保温一段时间，缓慢冷却到650℃后出炉空冷。

B　减面率

拉丝时随着减面率的增大，钢丝抗拉强度上升，断面收缩率下降，冷镦性能变坏。一般认为冷拉冷镦钢丝总减面率不大于30%时冷镦性能较好，总减面率不大于60%时冷镦性能稍差，总减面率大于60%时冷镦性能急剧下降。

4.1.2.2　合金冷镦钢丝

合金冷镦钢丝变形抗力较大，为保证冷镦成形，球化退火必不可少。与碳素钢相似，在冷拉基础上球化容易获得比较理想的组织。常用工艺路线是：线材→冷拉→球化退火，或者线材→再结晶退火→冷拉→球化退火。典型球化工艺为：750℃保温一段时间后，以20~30℃/h速度缓冷至650℃出炉。

4.1.2.3　不锈冷镦钢丝

A　热处理

不锈钢丝用线材宜采用周期炉热处理，以便选择足够的保温时间，使晶粒长大到4~6

级。加热速度应尽量快点。300 系列钢固溶温度 1000 ~ 1100℃，升温 40 ~ 60min，保温 20 ~ 30min，出炉快速淬水。铁素体和马氏体钢热处理工艺与一般不锈钢相同。冷镦钢丝半成品和成品有条件应选用气体保护连续进行热处理。

  B 表面准备

  冷镦钢丝对表面质量要求比一般钢丝严格，表面轻微划伤也可能造成冷顶锻开裂，生产中要格外注意表面涂层和润滑剂质量。为提高表面质量，对线材可进行削皮（或修磨）处理，彻底去除热轧缺陷，然后进行拉拔。

  C 拉拔工艺

  冷镦钢丝以软态和轻拉两种状态交货。软态钢丝最终要进行热处理，对拉拔减面率无特殊要求。轻拉状态钢丝、奥氏体钢丝的减面率一般控制在 15% 以下，铁素体和马氏体钢丝的减面率也应控制在 20% 以下。

4.1.3 橡胶骨架增强用钢丝的生产

4.1.3.1 钢帘线

  国际合成纤维标准化局对钢帘线的定义是："作为最终产品，由两根或更多根钢丝组成的，或者由股与股的组合或者由股与丝的组合所形成的结构。"

  钢帘线主要用于轿车轮胎，轻型卡车轮胎、载重型卡车轮胎、工程机械车轮胎和飞机轮胎及其他橡胶制品骨架材料。以钢帘线为骨架材料制造的轮胎重量轻省油、行驶速度快、耐磨性好、不易爆胎、耐穿刺、弹性好、使用寿命长等很多特点。

  A 钢帘线对盘条的要求

  钢帘线的原料必须是无扭控制冷却热轧盘条，金相组织必须是索氏体组织，奥氏体晶粒度 2 ~ 5 级（ASTM），必须能经受 90% 以上总压缩率，不许用铝脱氧。化学成分见表 4-1。

表 4-1 盘条的化学成分

钢帘线强度等级	化学成分（质量分数）/%				
	C	Si	Mn	P	S
NT	0.70 ~ 0.75	0.15 ~ 0.30	0.40 ~ 0.60	≤0.020	≤0.020
HT	0.80 ~ 0.85				

  盘条直径（5.5 ± 0.2）mm、不圆度 ≤ 0.2mm。生产普通强度钢帘线盘条 σ_b =（1050 ± 40）MPa，生产高强度钢帘线盘条 σ_b =（1150 ± 40）MPa。断面收缩率 ≥ 40%。

  盘条偏析度：S、P 为 10%，C、Mn 为 3%。内部孔隙不超过 10μm。脱碳、不完全脱碳不允许存在，局部脱碳最大 0.10mm。

  非金属夹杂物按 GB/T 10561—2005 评定：A 类、C 类（塑性夹杂物）≤ 1 级，B 类、D 类（脆性夹杂物）≤ 0.5 级；钛或锆的氮化物不允许存在。

  表面质量：横向裂纹、刮伤、结疤不允许存在；折叠、开式折叠不允许存在，闭式折叠最大深度 0.15mm；氧化铁皮不得超过材料重量的 0.7%；锈蚀深度不得超过 0.02mm。

  盘条储存：不能露天存放，盘条库要清洁干燥，通风良好，防锈蚀。盘条要分类存放、标志清楚。

B　钢帘线的生产工艺

钢帘线生产总工艺流程：盘条预处理→粗拉→中间热处理→中拉→最终热处理电镀→湿拉→合股→检验包装入库。

（1）盘条预处理—粗拉：

盘条放线架→乱线开关→反复弯曲法去皮→水冲洗→电解酸洗→水洗→热水洗→涂硼→干燥→粗拉→校直→收线。

反复弯曲法去皮主要是因弯曲而造成盘条表面的反复延伸和压缩促成表面铁皮疏松剥落，除去盘条表面绝大多数铁皮，盘条再经酸洗，能大大缩短酸洗时间，降低酸耗和防止过酸洗。

阴-阳交替电解酸洗：电解槽被绝缘材料分隔成阳极区和阴极区，在整个系统中，钢丝处于中性极。钢丝上电化学反应产生的气体对钢丝表面的氧化铁皮及污物起疏松及剥离作用，同时酸液对氧化铁皮也产生化学溶解作用，从而达到去除氧化铁皮的目的。

涂硼：涂硼液用电加热或蒸汽加热，温度保持在 90~95℃，浓度保持在 250±20g/L，涂硼层厚度应达 4~5g/m²。停车时，涂硼槽必须保温在 80℃以上，防止硼砂凝结。

干燥：涂硼后的线材必须经干燥处理。热风干燥是线材从一根逆向吹热风的导管里通过，风温度必须高于 60.6℃，使线材表面形成一层五水硼砂的薄膜。也可以用感应加热干燥的方式，作业线较短，但投资较高。

粗拉：用直线式拉丝机拉丝，由 5.5mm 拉至 2.4mm、3.15mm，拉丝速度 8m/s，用 DIN800 工字轮收线。

（2）中间热处理：

放线→张力辊→脱脂→加热炉→淬浴→水冷→盐酸洗→水洗→热水洗→涂硼→干燥→收线。

中间热处理的目的是消除钢丝在拉拔过程中的加工硬化，恢复钢丝的塑性，使之能够经受进一步的冷变形。铅温约为 560℃，温控精度为 ±1℃，钢丝在铅时间视不同直径为 18~24s。铅浴淬火可以获得均匀细致的索氏体组织。通过铅浴淬火后的钢丝抗拉强度约为 1200±50MPa（C70）和 1300±50MPa（C80）。

（3）中间拉拔。用直线式拉丝机拉丝，分别将直径 2.4mm 钢丝拉拔至 0.85mm、1.0mm；3.15mm 钢丝拉拔至 1.10mm、1.30mm、1.40mm、1.60mm、1.70mm、1.90mm。拉拔速度一般为 10~12m/s，仍采用 DIN800 工字轮收、放线。

（4）最终热处理—电镀黄铜：

放线→脱脂→热处理炉→淬火→水冷却→电解酸洗→冷水洗→碱性镀铜→热水洗→酸性镀铜→冷水洗→酸性镀锌→热水洗→干燥→热扩散→磷化→收线。

最终热处理与中间热处理基本相同，钢丝在铅时间为 8~16s。

电镀黄铜分 3 个阶段，先进行碱性镀铜（焦磷酸盐镀液），再进行酸性镀铜（硫酸盐镀液），最后进行酸性镀锌（硫酸锌镀液）。通过调节槽液和电流来控制电沉积过程，使铜、锌两种元素保持恒定值。铜含量控制在（63.5%~67.5%）±2.5%。

热扩散时使钢丝温度上升到 500℃左右，让锌原子扩散到铜原子中间，形成 α 相黄铜固溶体。α 相黄铜塑性较好，有利于拉拔。如果铜含量较高，就不会存在 β 相。

（5）湿拉。湿拉是指电镀黄铜钢丝拉拔至帘线成品所需的单丝尺直径，如 φ0.15mm、

$\phi 0.175mm$、$\phi 0.20mm$、$\phi 0.22mm$、$\phi 0.28mm$ 等。通过湿拉，镀层损失约 15%。

湿拉速度可达 18m/s，高的可达 25m/s。普通强度和高强度钢丝一般采用 21 模，超高强度和特高强度钢丝采用 25 模。

湿拉机的放线工字轮仍用 DIN800，收线工字轮则根据双捻机的需要，通常有 $\phi 130mm$、$\phi 195mm$、$\phi 255mm$、$\phi 315mm$ 等几种。

（6）合股。通过合股，把湿拉后的单丝捻制成各种结构的钢丝帘线。钢帘线的捻制设备多用双捻机。（钢帘线的双捻股机原理及设备）为了捻制高质量的钢帘线，除了要保证捻制前钢丝的力学性能、镀层性能及其质量以外，捻制时的工艺操作也是十分重要的因素。影响钢帘线工艺性能和表面质量的操作因素主要有放线张力、过捻速比、牵引张力、矫直器压下量等。

（7）检验。钢帘线的外观质量采用目测检验。钢帘线的黄铜镀层应连续、均匀，不应有明显的色差存在，不得有漏镀、伤痕、锈斑，油污、灰尘及其他脏物。钢帘线还不得有背丝、冒芯、跳芯、波浪、起泡等捻制缺陷。

另外还要对粗度、捻向捻距、破断力、破断伸长率、在规定力之间的伸长率、线密度、松散度、残余扭转、平直度、弹性、刚度、镀层重量及组分进行专门检验。

根据需方要求并提供胶料，经供、需双方协议，可进行钢帘线与橡胶粘合力试验。

（8）包装。钢帘线的存放、包装、使用对湿度的要求都很严格。在包装场地最好铺设 5～10mm 厚的橡胶板，并经常保持清洁。未包装帘线存放场地应保持清洁、干燥，相对湿度不高于 60%，温度 20～30℃。钢帘线要包装在气密性很好的塑料袋中，内放防潮剂，最好抽真空或充氮后封口。

钢帘线成品工字轮在国际上通用的有四种，即 B40、B60、B80/17、B80/33。

包装箱应有良好的防潮、防撞击标志。

4.1.3.2 胎圈钢丝

胎圈钢丝是一种镀青铜、紫铜或黄铜用作加强轮胎胎圈的钢丝。胎圈钢丝就工艺状态可分为回火胎圈钢丝和冷拉胎圈钢丝，按照强度等级可分为普通强度胎圈钢丝和高强度胎圈钢丝。

国外著名公司生产的直径大于或等于 1.3mm 的胎圈钢丝，一般从 5.5mm 盘条经预处理连续拉拔至成品直径，在回火、镀青铜。生产的直径小于 1.3mm 的胎圈钢丝，一般粗拉至 2.4mm（普通强度，含碳量约 0.72%）或 3.3mm（高强度，含碳量约 0.82%），经中间热处理，然后拉拔至成品直径。

（1）盘条预处理与粗拉：

盘条放线架→乱线开关→机械除锈→冷水冲洗→电解酸洗→冷水洗→热水洗→涂硼→干燥→粗拉→收线。

（2）中间预处理与中拉。中间热处理的加热炉可采用天然气、液化石油气、煤气、电加热。冷却多用铅浴淬火，以获均匀细致的索氏体组织。

中间热处理后要经过电解酸洗、冷水洗、热水洗、涂硼、干燥等工序。

中间拉拔多采用直线式拉丝机，实现无扭拉拔，这是消除残余扭转的一个关键。

（3）回火与镀锡青铜。回火胎圈钢丝的另一个关键是应力释放，即回火。回火与镀锡青铜组成一个联合作业线。

回火多采用铅浴。国内有试验报告指出，直径为 0.96mm 的胎圈钢丝，铅温为 400℃ 为最佳，在铅时间已 4s 为宜。实际操作的铅温为 410 ± 20℃，在铅时间约 1s（直径 1.0mm）或 2s（直径 1.65mm）。

镀青铜，国外多采用以金属化学置换反应获得镀层。镀液的主要成分是硫酸铜、硫酸亚锡和硫酸。

4.1.3.3　胶管钢丝

胶管钢丝是一种镀黄铜，用作加强橡胶软管的钢丝。钢丝编织高压胶管广泛用于航空、航天、冶金、机械等领域，作为能量传输的液压系统。

A　性能要求

a　力学性能

以 3.0mm 胶管钢丝为例，GB 11182—1989 规定最小抗拉强度为 2150MPa、2450MPa、2750MPa。

韧性：以扭转次数和反复弯曲次数表示，标准中规定了最小值。

破断伸长率：钢丝断时伸长率不得小于 2%，供需双方协商执行。断时伸长率的预张力应小于 10% 破断力。试样的原始标距为 250mm。

b　黏合性能

为了与橡胶有良好的黏合，胶管钢丝表面应镀一层黄铜。钢丝表面所镀黄铜层成分只能由铜和锌元素组成，其中铜含量为（68 ±4）%，每千克无镀层钢丝上所镀黄铜层重量：3.0g/kg（直径小于 0.35mm），2.0g/kg（直径大于等于 0.35mm）。

c　工艺性能

从线轴上取 1m 长的钢丝放在无约束力的光滑平面上，自然成圈，其圈径应不小于 120mm。从切断口端到平面的垂直高度不大于 50mm。

允许对成品钢丝进行焊接。在任何一批产品中，含有焊接点的钢丝线轴数不得超过该产品的总钢丝线轴数的 10%。每线轴钢丝的焊接点不得超过三个，并应注明焊接点数。在相同条件下测定，钢丝的直径大于或等于 0.3mm，焊接处的抗拉强度应不小于原抗拉强度的 40%；钢丝的直径小于 0.3mm，其焊接处的抗拉强度不小于原抗拉强度的 35%。

钢丝表面应清洁无油污、无锈斑以及无肉眼所能见到的镀层脱落。钢丝不得出现波浪形、扭曲或打折等现象。

B　生产工艺

胶管钢丝的生产工艺从盘条预处理到湿拉，与钢帘线的生产工艺基本相同。只是线径不同，拉拔路线略有区别。胶管钢丝公差范围（±4%）比钢帘线（±2.5%）稍大。

4.1.4　镀层钢丝的生产

4.1.4.1　桥梁缆索镀锌钢丝

A　桥梁缆索用热镀锌钢丝（GB/T 17101—2008）

（1）分类。钢丝按松弛性能要求分两类：有松弛性能要求和无松弛性能要求。其中有松弛性能要求的分两级：Ⅰ级松弛（普通松弛）和Ⅱ级松弛（低松弛）。

（2）尺寸、外形。钢丝公称直径 5.00mm，直径允许偏差 ±0.06mm，不圆度 ≤0.06mm；

钢丝公称直径 7.00mm，直径允许偏差 ±0.07mm，不圆度 ≤0.07mm。

（3）标记示例。公称直径为 5.00mm，公称抗拉强度 1670MPa、无松弛性能要求的镀锌钢丝标记为：

镀锌钢丝 5.00—1670—无—GB/T 17101—2008

公称直径为 7.00mm、公称抗拉强度 1770MPa、Ⅱ级松弛的镀锌钢丝标记为：

镀锌钢丝 7.00—1770—Ⅱ—GB/T 17101—2008

（4）力学性能。钢丝的力学性能见标准中的具体要求。

B 生产工艺流程

生产工艺流程，如图 4-2 所示。

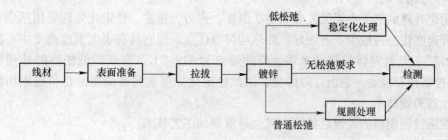

图 4-2 生产工艺流程

C 生产工艺分析

本节以斜拉索镀锌钢丝（1670MPa）作为个案，进行生产工艺分析。

生产质量管理上要"抓两头控中间"。"抓两头"指的是线材和检测。"控中间"是表面准备要清，钢丝拉拔要平，热浸镀锌要稳，稳定化处理要光。

a 优质索氏体化线材是钢丝质量的基础

线材钢号是 82B，规格按成品钢丝抗拉强度需求的级别选择。斜拉索用镀锌钢丝的规格常用的仅为 $\phi(7.0 \pm 0.06)$mm 一种，为确保钢丝良好的韧性，其总压缩率要适当控制，过高或过低都不利于韧性指标提高。一般选用线材的抗拉强度为 1200 ± 30MPa，断面收缩率 ≥35%，规格为 $\phi12.5 \sim 13$mm，可拉拔总压缩率为 86%。

b 钢丝拉拔

（1）拉拔钢丝强度计算。线材抗拉强度以实际供货的较低强度，选为 1180MPa，选用规格为 $\phi13$mm，钢丝拉拔的最终尺寸确定为 $\phi7.5$mm。计算冷拉钢丝抗拉强度：

$$\sigma_b = K \cdot \sigma_B \cdot \sqrt{\frac{D}{d}} = 1.1 \times 1180 \times \sqrt{\frac{13}{7.5}} = 1710 \text{MPa}$$

（2）拉拔道次与变形量分配。拉拔道次可用 $5 \sim 6$ 道拉拔，本案例选用线材强度较低，可用 5 道拉拔，各道次分配见表 4-2。钢丝的平整度必须严格控制。

表 4-2 拉拔道次与变形量分配表

拉拔道次	1	2	3	4	5
直径/mm	11.5	10.2	9.2	8.3	7.5
压缩率/%	21.8	21.3	18.7	18.7	18.4

c 热镀锌

桥梁缆索用热镀锌钢丝要求具有良好的防腐性能，一般锌层重量要求为 $\geqslant 300\mathrm{g/m^2}$。钢丝的镀前处理是关键，包括脱脂、酸洗、助镀。

热镀锌是锌与铁的热扩散过程和锌浸润引出过程，正常镀锌的锌液温度控制范围较窄，约在 $445 \pm 5℃$，但与锌槽加热方式，锌锭添加部位和测温点的布置有关。经热镀锌后，冷拉钢丝的强度损失约在 $3\% \sim 5\%$，控制锌层直径增量约 $0.1\mathrm{mm}$，可满足 $300\mathrm{g/m^2}$ 的要求。

热镀锌过程中钢丝行进必须平稳，才能确保扩散过程和引出过程锌层均匀性良好，锌层表面与擦拭方式和操作相关，必须严格管理，才能获得良好的镀锌质量。

d 稳定化处理

稳定化处理的三个主要工艺参数是：温度、张力、速度。稳定化处理采用感应加热方式，具有速度快、占地少、表面好、加热均匀等优点，但它具有表面温度高于中心温度的"集肤效应"。尤其对镀锌钢丝来讲，锌的熔点为 $419.5℃$，要获得低松弛的处理温度约 $400℃$，控制稍有波动，表面立即熔化，因此稳定化处理做到表面光滑是斜拉索用低松弛镀锌钢丝的关键技术。

大规格镀锌钢丝的先镀后拔防刮锌也是重要的工艺技术。

e 检测

桥梁缆索镀锌钢丝检测主要有：测锌层重量、硫酸铜试验、棒缠绕试验、应力松弛试验。

4.1.4.2 锌铝合金镀层钢丝

锌铝合金镀层目前世界上普遍公认的、有产品标准可遵循的只有两种（质量分数）：（1）含铝55%、硅1.6%、锌43.4%，称为 Galvalume。（2）含铝5%和微量稀土元素（0.03%~0.1%）称为 GALFAN。

GALFAN 合金对其配制的原材料纯度有严格要求：锌的纯度要达到99.995%，铝的纯度应不低于99.8%。热浸镀用的 GALFAN 合金必须用预合金化的母合金重熔。GALFAN 合金锭成分：$w(\mathrm{Al}) = 4.2\% \sim 7.2\%$，$w(\mathrm{Re}) = 0.03\% \sim 0.1\%$，$w(\mathrm{Fe}) \leqslant 0.075\%$，$w(\mathrm{Si}) \leqslant 0.015\%$，$w(\mathrm{Pb}) \leqslant 0.005\%$，$w(\mathrm{Cd}) \leqslant 0.005\%$，$w(\mathrm{Sn}) \leqslant 0.002\%$，余量为 Zn。

GALFAN 镀层是共晶合金，熔点只有 $382℃$，比锌的熔点 $419.5℃$ 低 $37.5℃$，热浸镀时的温度在 $420 \sim 450℃$ 范围内，镀后钢丝可保持镀锌钢丝同样的力学性能。

GALFAN 合金镀层具有较强的耐腐蚀性能，其产品的耐腐蚀性能约是普通镀锌的 $2 \sim 3$ 倍。锌铝（5%）形成两相共晶结构，建立了均匀一致的阻挡层，该阻挡层在钢构件表面起到保护作用，另外对表面划伤、裸露的边缘、打孔后轮廓边缘能提供氧化牺牲保护来阻止进一步被腐蚀。GALFAN 镀层钢丝一旦遭受腐蚀，Fe-Al-Zn 合金层就暴露出来，这一合金层比 Al-Zn 合金层性质更稳定，对防止深入腐蚀起到阳极保护作用。GALFAN 镀层比常规镀锌层出现红锈的时间晚 $2 \sim 3$ 倍。

GALFAN 镀层的延展性能及可变形能力极强，甚至超过了它所保护的钢基。GALFAN 镀层不产生常规镀锌 Fe-Zn 合金的脆性夹层，而它的 Fe-Al-Zn 合金有非常好的延展性能，并且与钢基的黏附力极强。因此经得起在强力变形工艺条件下的缠绕、弯曲考验，而不必担心镀层的龟裂与脱落。

GALFAN 镀层钢丝的可焊接性能优于普通镀锌钢丝，只要选择得当的焊接方法和操作工艺，GALFAN 镀层具有极优良的焊接性能。

GALFAN 镀层的 Zn-Al 结构提供了一个极佳的均匀表面，与其他镀层相比，GALFAN 镀层本身就是一种极好的预处理基底和涂漆黏接剂。这种优点改善了涂漆后的龟裂腐蚀和起泡。自然干燥首层底漆、面漆、烘干底漆、粉末喷涂、氨基甲酸乙酯、环氧树脂底漆等都可以很好地涂覆在 GALFAN 上。

Galfan 合金镀层工艺。目前，Galfan 合金镀层钢丝有单浸镀和双浸镀两种。

（1）单浸镀。单浸镀的工艺流程是：放线→前处理→助镀→热浸镀 GALFAN 合金→冷却→收线。

单浸镀工艺的最大优点是工艺流程短，能耗物耗少，锌锅镀层显微组织容易控制。但由于锌层薄以及表面漏镀问题，但到目前为止，世界钢丝行业还很少采用这种单镀工艺。与多根钢丝同时热浸镀相反，世界上带钢和单根钢管的单浸镀 GALFAN 工艺却用得很普遍，这是因为这些产品的镀层重量要求不像钢丝那么高（一般多在 $200g/m^2$ 以上）。例如，电器用薄镀层镀锌钢板的镀层重量只有 $25 \sim 30g/m^2$，汽车镀锌板一般也只要 $45g/m^2$。还有，一根带钢或一根管子在热浸镀时，镀层漏镀不易出现，即使有也易于解决，如钢板制品采用森吉米尔法就可以避免镀层表面的漏镀问题。

（2）双浸镀。双浸镀法的工艺流程是：放线→前处理→助镀→热浸镀锌→冷却→热浸镀 GALFAN 合金→冷却→收线。

对钢丝来说，双浸镀工艺的优点是：1）先镀锌后镀 Galfan 合金表面漏镀问题可以避免；2）得到的镀层较厚，标镀钢丝的 A、B、C 级和钢绞线中 A、B、C、D、E 级镀层重量都可以做到，所以在实际应用时，可以实现提高 1 倍以上的耐腐蚀寿命。双镀工艺中锌锅中的成分控制比较困难，工艺流程长，相应的物耗能耗也高一些。

美国某公司的热镀 Galfan 合金生产线生产工艺流程如下：

放线→电热脱脂→超声波清洗→密闭式无酸雾酸洗→涂助镀剂→预热钢丝→第一次热镀→斜引出、水冷→第二次热镀→垂直引出、氮气抹拭、水冷→表面涂覆→收线

在 Galfan 合金镀层钢丝中，陶瓷锌锅和陶瓷压辊的采用已成为发展趋势，与碳钢板锌锅相比，它具有使用寿命长、锌渣少、锌耗低、能耗低等优点。加热方式上来看，由外加热方式向内加热方式发展。对于陶瓷锌锅来说，外加热可分为上加热和感应加热。上加热又可分为燃油、燃气和电阻加热，这类加热方式砌筑大量的各类保温、隔热砖以形成燃烧室，对锌液表面辐射传热，这类设备造价高，热效率较低。由于锌液表面温度过高，使锌灰生成量大，锌液以辐射传热为主，温度较难控制。外加热的另一种加热方式为工频感应，它具有能耗较低、锌耗较低、温度较易控制等优点，但由于其熔锌沟与炉体位易漏锌，熔锌沟寿命短，维修困难。内加热采用陶瓷作加热保护套管，内阻丝、燃气或燃油作热源，套管垂直安装于锌锅两侧或底部中心，这类加热有设备造价低、热效率高、锌耗低、能耗低、温度较易控制等优点。

在热镀 Galfan 合金镀层钢丝时，由于 Galfan 合金熔融态的流动性较锌液高，表面质量符合要求的镀层产品，钢丝抹拭技术至关重要，经过大量试验证气体抹拭或电磁感应抹拭技术可以提高 Galfan 合金镀层产品表面质量。

为克服陶瓷套管易断裂的致命缺陷，国内已开发耐锌侵蚀的合金套管，内部用电热丝

加热，直接浸于锌液内，并已于多处工业应用。但必须在停炉前将此加热管取出，否则此管在锌凝固和再入炉升温时极易损坏，某企业配有与锌锅液面相同的上加热辅助加热炉，以供启动时熔化凝固的锌，再插入加热管后才能正常使用。因而推广受到限制。

4.1.5　铝包钢丝的生产

铝包钢丝（Aluminium-clad steel wire）是以钢丝作为芯线，在外面包覆铝层的一种钢-铝双金属复合材料，国际上简称 AS 或 AC 或 AE 线，中国代号 LB。

铝包钢丝具有良好强度、塑性和弹性性能、良好的耐腐蚀性、导电性、高频信号传输性能好、对电磁的屏蔽性、散热效果好、重量轻、较好的热稳定性。

铝包钢丝用于广播邮电通讯系统、光缆架设加强线、电气化铁路滑道线、铁路公路交通、民用建筑、体育场馆、防山体滑坡的防护网、海洋拦网系留绳索等。

GB/T 17937—2009《电工用铝包钢丝》（Aluminium-clad steel wires for electrical purposes）中规定了铝包钢线的型号，按照铝包钢线导电率划分有：LB14、LB20、LB23、LB27、LB30、LB35、LB40。

4.1.5.1　旋转式连续温挤压工作原理

基本原理：利用旋转运动的挤压轮槽模壁对铝条形成的摩擦力作为主动力，用所形成的有效挤压力在挤压腔内使铝杆变形，并包覆到钢丝上面。钢丝在后牵引力作用下从模腔出口模具通过，从而实现了挤压铝包钢丝的连续化。

工艺过程：先将表面清洗干净的铝杆和索氏体化钢丝加热到一定温度，铝杆经过一个导线压轮进入挤压轮槽被压缩，随轮槽一同旋转运动，产生相对摩擦，经模靴挡块进入模腔，在压缩摩擦下铝条的温度不断升高，模腔内的压力也不断增大，当铝达到塑性流变极限时，铝处于熔融状态，在模靴内导线模、定径模的控制及钢丝运行的牵引下，铝向压力小的方向即定径模方向运动，铝钢结合，在钢丝周围形成一个无缝的铝管层，完成挤压包覆全过程。

4.1.5.2　生产工艺过程及控制

A　原材料选择

钢芯一般采用碳质量分数 0.6%~0.8% 的优质碳素结构钢盘条，牌号有 65、70、75 等。

铝杆（铝盘条）选择要符合 GB/T 3954—2001《电工圆铝杆》的规定，一般采用 L2 型号的铝杆，抗拉强度不超过 110MPa，铝杆表面不得有油污、氧化等缺陷。

B　原材料清洗

清洗是确保铝和钢双金属复合后有良好结合力的前提，是后续生产的必要条件。

（1）铝杆的清洗一般在生产线上进行，分碱洗（NaOH）、草酸中和、水洗 3 个过程。

（2）钢丝清洗采用磷酸洗、水洗，钢丝的清洗效果是决定铝包钢丝生产的关键因素。钢丝的清洗主要是去掉钢丝表面的氧化铁皮，大部分厂家采用机械除锈加化学清洗联合方式。

C　包覆

钢芯和铝杆经表面处理后，进入连续挤压机进行包覆。

工作流程：先将模具、导模、定径模装入模靴，模靴的机架内有电加热装置。当模靴加热到430~450℃时，将模靴体与挤压轮压紧封闭，钢丝由模靴内穿过，并与牵引盘、收线轴绕好。运行时，感应加热钢丝，启动清洗泵，然后送铝杆，在计算机控制下，成为铝包钢丝半成品。

D　铝包钢丝的拉拔

在良好润滑状态及足够压力下完成铝和钢芯双金属的同步变形过程，这需要采用组合压力模，即在拉丝模前加一段压力套管组成的模具组合。

拉拔工艺：

（1）压缩率配置原则，20AC总压缩率小于等于82%，40AC总压缩率小于等于72%，其他电导率可参照相邻导电率的总压缩率执行。

（2）压缩率分配原则：第一道和最后一道取最小值，第二道取较大值，以后各道次依次递减。

（3）压力腔的间隙给定原则，20AC第一道0.25~0.45mm，其余道次0.20~0.30mm；40AC第一道次0.4~0.5mm，其余道次0.25~0.35mm，压力腔偏差±0.05mm。

（4）成品模具直径符合产品标准的要求，过程模直径公差±0.05mm。

4.1.6　弹簧钢丝的生产

弹簧（spring steel wire）是各种机械行业和日常生活中最常用的零件，主要作用是利用自身变形时所储存的能量来缓和机械或零件的震动和冲击、控制机械或零部件的运动。碳素弹簧钢丝分为两类：一类是冷形变强化钢丝（冷拉弹簧钢丝），一类是马氏体强化钢丝（油淬火回火钢丝）。

4.1.6.1　冷拉弹簧钢丝

冷拉弹簧钢丝主要用于制作各种应力状态下工作的静态弹簧。按弹簧工作应力状态分为三个组别：B组用于低应力弹簧；C组用于中等应力弹簧；D组用于高应力弹簧。

（1）生产工艺流程：

控轧控冷盘条→酸洗磷化→拉拔→铅淬火→拉拔→尺寸及表面检验→取试样→性能检验→浸油→包装。

（2）钢丝原料及其要求。为了提高弹簧钢丝生产质量，消除扭转裂纹，减少钢中夹杂，提高钢的纯洁度。

对高表面要求的钢丝，对钢坯必须酸洗、研磨，清除表面缺陷，对盘条表面层采取剥皮的方法，以去除脱碳层及表面缺陷。

（3）表面处理。弹簧钢丝拉拔前的表面处理，特别是高级用途的弹簧钢丝以化学酸洗为主。酸洗操作要点是防止过度酸洗，造成表面黑灰和氢脆。

涂层：钢丝半成品酸洗后需进行硼砂涂层，干燥后拉拔。成品钢丝大规格（直径大于5.0mm）酸洗后多进行镀铜处理，小规格需进行磷化处理。

（4）热处理。中间热处理可采用再结晶退火。退火次数过多，会使碳化物颗粒增大，从而不利于随后的成品线坯铅淬火时碳化物的溶解。因此必须慎重选择坯料尺寸和选用热处理种类，能选用小的坯料不选大的，能用连续炉铅淬火就不用退火。

成品线坯热处理一般都采用铅淬火，以取得良好的索氏体组织。用其他介质等温淬火（如沸水淬火、盐浴、流动粒子炉等），仍以接近铅淬火的组织和性能为准。铅淬火工艺参数与碳素钢丝的索氏体化基本相同。需要指出的是原始组织为球状碳化物时，为使其碳化物充分溶解，必须增加加热时间，否则容易使机械性能过低、韧性变差，影响成品性能。

钢丝加热温度一般来说是 900~950℃，铅温是 470~500℃。

（5）拉拔工艺。拉拔总压缩率高的碳素弹簧钢丝，宜采用多道次，小部分压缩率，取低-高-低的分配方法。开始道次采用低的压缩率，可以使钢丝表面润滑层与基体金属结合牢固，为以后道次采用较高的部分压缩率创造条件，并可使线坯的索氏体片层转向与拉拔平行方向，减少渗碳体片破裂，从而有利于随后的塑性变形。最后道次采用低的部分压缩率，可以防止表面质量恶化及韧性指标下降。平均部分压缩率控制在 15% 为宜。

拉拔模孔应取小的工作锥角度，一般以 10°~12° 为宜。

拉拔速度对钢丝的强度和韧性有很大的影响。如果润滑条件和冷却条件都良好，则可以提高拉拔速度。如果冷却条件不良，钢丝本身发热的时效影响，会造成钢丝的硬、脆。小规格弹簧钢丝（直径小于 0.80mm）在水箱拉丝机中拉拔，钢丝、模具、中间卷筒都直接在肥皂水中冷却，润滑条件也较优越，线速度可提高到 150m/min。在直线式拉丝机上拉拔时，由于中间过渡钢丝不扭曲，冷却条件较好，线速度到 120m/min 还能保持成品钢丝的良好韧性。

（6）浸油。浸油温度过高，会使浸油后的钢丝强度平均升高，且扭转裂纹严重。因此要控制油温，采用小于 70℃ 的冷态防锈油，防止时效硬化。

4.1.6.2　油淬火回火弹簧钢丝

油淬火回火（调质）是用来指钢丝拉拔到要求规格后进行淬火和回火处理。淬火介质是油，回火介质多数是熔融金属，通常是铅，或者流化床，偶尔是电加热隧道炉。

油淬火回火弹簧钢丝，又称调质弹簧钢丝。调质弹簧钢丝卷成弹簧后，仅经中温回火后便可直接使用。

（1）生产工艺流程：

控轧控冷盘条→表面处理→拉拔→表面检验→奥氏体化加热→油淬火→回火→水冷→涡流探伤→收线→取试样→性能检验→防锈包装。

（2）拉拔。钢丝拉拔方法与相应的钢种相同，一般都以退火状态进行拉拔。成品才经调质热处理。

（3）奥氏体化加热。奥氏体化加热的方式有：明火加热、气体保护管式加热炉加热、电接触加热、感应加热。加热的共同特点是：速度快，过热度大，加热温度通常在 A_{c3} 以上 50~200℃。特别是电接触加热和感应加热具有加热时间短、热效率高的优点。加热时间通常在 5~25s 之内。

（4）淬火和回火。淬火介质是机油。油温越高，油的流动性越好，冷却能力越强。油温控制在 40~80℃。

回火加热方式有感应加热、电接触加热、铅浴和流态床。回火温度一般在 400~550℃。

（5）涡流探伤。一般采用在线涡流探伤的方式，并根据技术要求把超过规定深度的缺陷部位打上标记，以便在卷簧过程中及时地分检出不合格的弹簧。也可采用离线的方式，即收线后另外探伤。

（6）收线。油淬火回火弹簧钢丝要求有良好的弹直性能，因此收线卷筒直径应足够大，见表4-3，以保证放线后能自动弹直。

表4-3　收线卷筒直径

钢丝直径/mm	2.0	4.0	6.0	8.0	10.0	12.0	14.0
收线卷筒直径/mm	330	730	1120	1600	2050	2500	3000

4.1.7　不锈钢丝的生产

不锈钢是指在空气、水、酸性溶液及其他腐蚀介质中具有较高化学稳定性，在高温下具有抗氧化性的钢。

不锈钢的种类很多，按正火后的金相组织不同，可分为五大类：

（1）奥氏体类钢。如 1Cr18Ni9、1Cr18Ni9Ti、0Cr18Ni9Cu3、0Cr17Ni12Mo2、0Cr25Ni20 等钢种。

（2）铁素体类钢。如 0Cr13、0Cr17、0Cr28 等钢种。

（3）马氏体类钢。如 1Cr13、2Cr13、3Cr13、1Cr17Ni2、2Cr13Ni2、9Cr18 等钢种。

（4）奥氏体-铁素体类钢。如 00Cr25Ni5Mo3Si2、1Cr18Mn10Ni15Mo3N、1Cr21Ni5Ti 等钢种。

（5）沉淀硬化型钢。如 0Cr17Ni7Al、0Cr17Ni4Cu4Nb 等钢种。

4.1.7.1　奥氏体不锈钢丝的生产工艺

A　奥氏体不锈钢丝的热处理

对于半成品不锈钢丝，生产过程中热处理大都采用固溶处理。经固溶处理后合金元素能均匀地溶解到奥氏体中去，在提高塑性的同时，还可提高钢丝的抗蚀性能。固溶处理温度偏低（小于900℃），或冷却不快，会造成碳化物和形变马氏体相不能充分溶解或析出，在随后的冷加工中往往出现扭转裂纹、强度偏低和拉拔脆断等缺陷。固溶处理温度偏高（≥1200℃），会造成奥氏体晶粒过分粗大，冷加工性能变坏，钢丝拉不到预定尺寸。适宜温度是 1000～1100℃。

经冷拔后的半成品钢丝，在热处理之前，必须将附在其表面上的拉拔润滑剂去除（一般称为去盐）。去盐的目的为防止残余润滑剂高温分解侵蚀钢丝。

B　奥氏体不锈钢丝的表面准备

奥氏体不锈钢丝的表面准备包括：碱洗→三酸（二酸）洗→涂层→烘干。

奥氏体不锈钢含有多量的铬、镍等元素，故其氧化物性质稳定，氧化膜结构也较致密，因而要采用熔碱＋三酸（或二酸）联合处理，方能去除氧化皮。熔碱浸洗能使氧化皮受浸而疏松，从而在酸洗时氧化皮容易脱离钢基而剥离。

国外先进厂家都配有不锈钢丝表面涂层和去涂层的专用生产线，多采用氯系或氟系树脂涂层。

经酸洗、冲洗后，涂元明粉——石灰悬浊液。由于元明粉（硫酸钠）有较高的吸附性能，因此在潮湿空气中有"回潮"现象。有些不能立即拉拔的线坯应放在干燥的场所或烘箱内，否则会造成拉拔后钢丝表面"拉毛"。

C　奥氏体不锈钢丝的拉拔

经固溶处理后的不锈钢有较高的塑性，但奥氏体类钢的加工硬化倾向很大，变形抗力很大。因此，拉拔这类钢丝要求良好的润滑和适宜的模具，否则会因润滑不良，模孔与钢丝接触面摩擦力过大，而使钢丝表面"拉毛"。

拉拔润滑剂一般可选用二硫化钼和元明粉-肥皂粉混合物、氯化石蜡等。直径小于0.8mm 的不锈钢丝宜用液体润滑剂：肥皂水、机油调和氯化石蜡，糊状的机油调和二硫化钼。液体润滑剂能保证多道拉拔后钢丝表面状况良好。

不锈钢拉拔模具宜选用较大的工作锥（14°~16°），以便于润滑剂顺利带入；定径带稍短为好，以减少模具与钢丝间的接触摩擦。

举例：

1Cr18Ni9Ti 拉拔路线：

1.8→1.5→1.3→1.15→1.0→0.9→0.82→0.75→0.69→0.63→0.58→0.54→0.50

1Cr18Ni9 拉拔路线：

　　1.2→1.02→0.9→0.82→0.75→0.69→0.63→0.58→0.54→0.50

4.1.7.2　马氏体不锈钢丝的生产工艺

马氏体不锈钢丝主要应用于医疗器械和专用焊补材料，此外尚有少量 9Cr18 不锈钢轴承钢丝。下面介绍医用缝合针钢丝（3Cr13、4Cr13）生产工艺。

马氏体不锈钢丝生产工艺流程：原料→热处理→碱洗→酸洗→涂灰→烘干→成品检验→入库。

A　马氏体不锈钢丝的热处理

3Cr13、4Cr13 属于马氏体不锈钢，因此在热处理中必须防止由于热应力和组织应力造成的开裂。即对于大规格线坯要采取缓慢加热和预热的措施。由于钢丝截面不大，加热时内外温差小，故冷钢丝进炉以后，只要停留 10~15min 后便可合闸升温，即能避免热应力造成的开裂。

原料在热轧后必须采取缓冷措施，经缓冷后最好马上进行球化退火，以防止缓冷不均匀而造成开裂，原料的球化退火工艺为加热温度 840~880℃，保温 2.5~3.0h，随后炉冷至 650℃出炉空冷。经球化退火后，可获得 HB≤200 的球化珠光体。

经拉拔后的钢丝，必须去盐后立即进行再结晶退火，以防止冷加工的应力造成钢丝开裂（某厂控制在 8h 内进炉）。3Cr13 钢的 A_{c1} 约为 820℃，故可采用 760~800℃范围内保温进行再结晶退火，保温后炉冷到 650℃出炉空冷。经再结晶退火后钢丝坯料硬度 HB≤187。有时为减少氧化皮的厚度，经常选用温度的下限操作，以保证丝坯的顺利拉拔为前提。

为保证成品的通条性能均匀和良好的表面质量，半成品和成品的拉拔线坯，宜在连续炉中退火，最好能在保护气体条件下加热。连续炉退火温度也选用 760~800℃加热。在炉时间以每毫米直径保温 1min 来计算。

B 马氏体不锈钢丝的表面准备

Cr13 型钢丝应先经熔碱处理后再用两酸或盐酸酸洗。熔碱处理后再用高锰酸钾溶液浸渍半小时以上，最后再以盐酸漂洗，可获得良好的表面质量。酸洗后宜选用元明粉—石灰涂层，以使润滑剂能顺利带入模孔。

C 马氏体不锈钢丝的拉拔

拉拔大规格钢丝宜采用二硫化钼固体润滑剂，拉拔小规格（$\phi < 0.88mm$）钢丝可采用氯化石蜡液体润滑剂。模具的选择原则也以大的模孔角度和定径带为宜。

医用缝合针用钢丝的拉拔工艺：医用缝合针用钢丝用 3Cr13 和 4Cr13 制造，钢丝以退火状态交货。为保证医用缝合针用钢丝的高精度尺寸公差和良好表面质量，对于小截面的钢丝可用轻微冷拉状态交货（由于变形时截面上内外温差不大，组织应力也小）。

举例：$\phi6.5mm$ 拉拔 $\phi0.55mm$ 的成品钢丝拉拔路线。

6.50—5.70—5.00—3.80—2.50—1.95—1.58—1.30—1.05—0.88—0.76—0.68—0.63—0.60—0.57—0.55

其中 $\phi5.00mm$、$\phi2.50mm$、$\phi1.30mm$、$\phi0.76mm$、$\phi0.57mm$ 几个中间规格需进行退火处理后再拉拔。

4.1.8 轴承钢丝的生产

轴承是机械工业的基础零件之一。滚动轴承在结构上大都由内套、外套、滚动体和保持架四部分构成。轴承钢丝是制造轴承的材料。轴承钢丝必须具有高的疲劳性能及良好的韧性、硬度、耐磨性和一定的抗蚀性能。此外，对钢的组织均匀性、碳化物的分布状况，以及脱碳程度等都有严格要求，否则这些缺陷将会显著缩短轴承的使用寿命。

制造滚动体的钢丝通常采用高碳铬轴承钢（GCr15、GCr9、GCr9SiMn、GCr15SiMn）、抗蚀性轴承钢（9Cr18）、耐高温轴承钢（Cr4Mo4V）。高碳铬轴承钢丝中应用最广泛的是 GCr15，使用量占 90% 以上，直径 25mm 以下的滚动体及厚度 25mm 以下的轴承套圈都是由 GCr15 制造。

4.1.8.1 轴承钢丝的原料及质量控制

轴承钢丝的原料是热轧盘条，其质量控制主要包括冶炼质量控制、钢材表面质量控制、钢材尺寸及形状控制三个方面。

（1）轴承钢的化学成分。主要有 C、Si、Mn、Cr、S、P、Ni、Cu、Mo 等符合标准规定。

（2）轴承钢中非金属夹杂物的控制。非金属夹杂物是影响轴承钢接触疲劳寿命的主要原因。轴承钢中的有害夹杂物包括：A 类硫化物类型、B 类氧化铝类型、C 类硅酸盐类型和 D 类球状氧化物。其中 A、C 类夹杂物具有塑性，形状随着钢的加工而改变，B 类夹杂物和 D 类夹杂物塑性差，在加工过程中易破碎或不变形，破坏钢的连续性，而且钢的尺寸越小其破坏性越大。

非金属夹杂物的控制包括减少夹杂物的绝对数量和改变夹杂物的组成。为减少夹杂物的数量，应采取炉外精炼方法来提高钢的纯度。

控制钢中铝含量也可以起到减少夹杂物的作用。当钢中铝含量为 0.02% ~ 0.04% 时，夹杂物数量较少。

冶炼时，在还原期末，降低钢的碱度，可将部分不变形类夹杂物变为塑性夹杂物，减少夹杂物对钢的危害。

（3）碳化物的控制。高碳铬轴承钢中的碳化物主要是合金渗碳体，其大小、分布及形状是决定轴承钢质量的重要指标之一。碳化物可分为液析碳化物、带状碳化物、网状碳化物和粒状碳化物。轴承钢碳化物合格级别：网状碳化物不大于 2.5 级，粒状碳化物不大于 2～4 级。

（4）内部缺陷的控制。轴承钢低倍组织中不得有缩孔、皮下气泡、白点、过烧，中心疏松≤1.5 级。

（5）表面缺陷的控制。轴承钢的表面缺陷包括表面脱碳、包边、严重的耳子、划伤、表面裂纹等。脱碳缺陷会使轴承钢淬火后表面硬度降低、接触疲劳性能降低，应控制在标准或用户允许的范围之内。

4.1.8.2　GCr15 轴承钢丝的生产

GCr15 轴承钢丝的生产流程为：控轧控冷轴承钢线材→表面清理→涂层→拉拔→补充球化→成品。

（1）原料。控轧控冷工艺生产的轴承钢线材，组织为变态珠光体加索氏体。

（2）表面处理。轴承钢丝的表面清理分为化学清理和机械清理。轴承钢丝酸洗一般可用硫酸溶液或盐酸溶液来进行。由于盐酸酸洗在常温时使用效果较好，酸洗速度较快，一般在 15%～30% 盐酸溶液中浸入约 15～30min 后可使氧化皮清除干净。机械清理是近几年应用于轴承钢丝生产的新工艺，包括喷丸清理和反复弯曲清理。

（3）涂层工艺。轴承钢丝润滑涂层可采用普通石灰涂层。石灰液浓度 15%～25%，温度沸腾，烘干温度控制在 150～200℃。烘干时间在 2～4h。有的采用黄化涂层，即酸洗后采用高压水冲洗，利用残余的微酸使钢丝表面产生水锈，再涂石灰中和、干燥。也有采用磷化涂层的。

（4）热处理。对于小于 12mm 的轴承钢线材不用球化退火，直接拉拔。

对于大于 12mm 的轴承钢线材，采用快速球化退火，再拉拔。快速球化退火工艺：760～870℃，保温 4～6h，40～60℃/h 速度冷却，小于等于 650℃时出炉空冷。

成品退火：球化处理，温度在 A_{c1} 以下，取 720±10℃，保温 2～4h，然后出炉空冷。退火时应装罐或采用气体保护处理。

（5）拉拔。连续拉拔工艺采用小减面率多道次拉拔的原则，道次减面率以 15%～20% 为宜，控制总减面率在 40%～55% 以上。拉拔速度控制在 60m/min。轴承钢拉拔时，由于模具内压力大，温度高，润滑剂采用焦化温度较高的钙基皂。并要进行模具水冷或卷筒水冷。

4.1.9　焊丝的生产

二氧化碳气体保护焊丝具有高效、节能、适应自动化焊接的优点，已经成为焊接材料发展的主导产品。

4.1.9.1 实心焊丝

国内生产中最常见的 CO_2 气体保护焊丝是 ER49-1，即 H08Mn2SiA，适应于焊接低碳钢、$\sigma_b \leqslant 1200MPa$ 的低合金高强钢。另一个常见品种是 ER50-6，适应于焊接低碳钢、500MPa 级的高强度钢。

CO_2 的保护焊丝 ER49-1 生产工艺如下分析。

A 热处理工艺分析

二氧化碳气体保护焊丝是依靠机械送进的，太软则容易引起小弯头，造成送丝不稳，电弧不稳，时通时断，影响焊接的正常进行；太硬使操作不便；强度适中才能稳定电弧。

某厂以退火状态组织经冷加工生产成品钢丝。把热轧盘条冷加工后在 A_{c1} 以下退火。退火后的线坯强度 $500 \sim 600MPa$，然后经过 $60\% \sim 70\%$ 总压缩率的拉拔，可保证成品钢丝的抗拉强度 $900 \sim 1000MPa$。

B 酸洗和涂层工艺分析

一般可采用常规的盐酸或硫酸酸洗后供拉拔。在表面金属涂层问题上，则有着不同看法。有的认为表面镀铜的目的是防锈。某厂试验发现：化学镀铜后冷加工的铜层，由于电化作用和冷加工造成的应力腐蚀，反而加速表层铜的锈蚀。特别是化学涂层厚薄不均，容易剥离，以致堵塞导电焊嘴，使焊接难以进行。

C 拉拔和润滑分析

钢丝的表面质量（粗糙度与清洁度）会影响焊接质量。为提高表面粗糙度，成品拉拔应采用较高的总压缩率和较多的拉拔道次。

表面光洁，能使导电接触良好，防锈能力增强，从而提高焊接质量。润滑剂的选择会影响钢丝表面的清洁度。一般钢丝拉拔的润滑剂为中性肥皂粉。

D 拉拔工艺

原料用 $\phi6.5mm$ 的热轧盘条，可经表面处理后直接拉拔再进行热处理。生产 $\phi1.0mm$ 钢丝拉拔路线为：$\phi6.5 \rightarrow 5.0 \rightarrow 4.0 \rightarrow 3.1 \rightarrow 2.5 \rightarrow 2.0 \rightarrow 1.65 \rightarrow 1.38 \rightarrow 1.17 \rightarrow 1.0$。$\phi4.0mm$ 和 $\phi2.0mm$ 要进行再结晶退火。

成品钢丝的表面要求清洁，又要钢丝不锈，在需要一定时间库存周转的情况下，较多采用涂防锈油的方法，待使用时再去除油脂。或采用气相防锈方法。

4.1.9.2 药芯焊丝

药芯焊丝是技术含量很高的新型焊接材料。药芯焊丝的制造方法主要有三种：钢管法、钢带法、盘条法。

钢管法：将配制好的药粉加入盘旋状的无缝钢管中振动填实，再进行多道拉拔而成。

盘条法：盘条经抛丸处理、拉拔减径、轧成 U 形管，加入配制好的药粉，再经合缝、精细拉拔减径、表面处理、层绕、密封包装，制成药芯焊丝。采用盘条法生产药芯焊丝的原材料成本最低，最具有经济性，但技术难度相对较大。

钢带法：利用冷轧钢带作外皮原料，经裁成窄带并清洗后，再冷弯成 U 形，加入药粉闭合成 O 形，再多次拉拔减径而成。目前国际上普遍采用该方法生产药芯焊丝，也是国内生产药芯焊丝的主要生产方法。钢带法药芯焊丝制造方法又分为全轧式和轧拔结合的两种。

下面简要介绍钢带法有缝药芯焊丝的生产技术。

（1）生产工艺流程：

原料（冷轧带钢）→纵剪至 1.0 ~ 16mm→钢带纵绕至 350kg→钢带清洗烘干→药粉原料→粉碎筛分→药粉烘干→混粉→配粉→轧成坯管 $\phi 2.8 ~ 5mm$→拉拔至成品 $\phi 1.2 ~ 3.2mm$→分绕成标准绕卷→包装入库。

（2）生产线主要设备：

1）钢带重绕机组。钢带重绕机组是将纵剪后的多盘单根钢带卷绕在大盘重工字轮上，它由放带装置、分带架、钢带重卷机 3 部分组成。

2）放带机。放带机是将重绕机卸下的工字轮装上为成型机放带。放带采用主动放带，放带速度与成型机的走带速度同步。

3）钢带清洗烘干装置。钢带上有防锈油及污物，要在清洗槽内经过 3 级清洗，再用热风烘干。

4）药芯焊丝成型机。钢带进入成型机后先被轧成 U 形，加入药粉闭合成 O 形，再多次拉拔减径到 $\phi 2.8 ~ 3.2mm$。减径部分轧辊孔型按 5% 左右减径设计。

5）加粉装置。加粉装置为皮带式送粉，使用交流伺服电机闭环控制系统驱动加粉器，保证药粉填充率的绝对误差在 ±0.5% 以内。加粉装置后面设有电子检测装置，一旦发现钢带中无药粉时，马上报警并自动停车，确保不会出现"空管"现象。

6）收线机。收线机的作用是将成型机制成的药芯焊丝装成品收到工字轮上，待进入直线式拉丝机拉拔。

7）调谐式直线拉丝机组。成型后的药芯焊丝半成品还要在拉丝机上拉拔减径，达到成品规格。由于药芯焊丝是有缝的，拉拔中一定要防止扭转，所以采用调谐式直线拉丝机。拉丝机后配有活套调节装置，实现收线机与拉丝机的同步运行，并保持张力。

（3）影响药芯焊丝质量的因素：

1）药粉成分、结构、粒度的筛选和控制。

2）药粉的预处理工艺技术，确保药粉均匀。

3）药粉填充率与成型接口直线型的精确控制。

4）焊丝表面质量处理技术与防锈技术。

5）润滑剂、防锈剂、防潮包装材料等辅助材料。

4.1.10　异形钢丝的生产

异形钢丝指截面非圆形的钢丝。通常异形钢丝的截面形状和尺寸与所加工成型的零件相同或相近似，可以实现少切削、无切削加工，减少了金属的消耗。异形钢丝具有优异的力学性能，尺寸精度高、表面光洁度好、加工成型性好等特点，可以提高机械加工效率和零件的使用寿命。

4.1.10.1　生产方法

异形钢丝的生产除冷加工成形之外，其他的生产工序（如热处理、酸洗、涂层、拉拔及涂油包装）与同种圆钢丝基本相同，原则上采用同一工艺。

异形钢丝冷加工成型方法分为模拉法、辊拉法、轧制法和轧-拉复合法等。

A 模拉法

模拉法是用事先加工成一定形状的硬质合金模（或聚晶模）从圆形开始逐道拉拔，直至拉拔成所需尺寸、形状。

模拉异形钢丝对酸洗和涂层质量要求比较高，通常两道次以上拔制采用磷化＋硼砂涂层。两道次以内拔制可采用镀铜或硼砂涂层。拔制时润滑也应采取导入或强制导入措施，以减缓不均匀变形。模拉法按钢丝是否加热分为冷拉和温拉。

优点：设备一次性投资小、产品形状精确、尺寸公差小、通条性好。

缺点：制模难度大、尖角欠充满、表面易划伤、生产周期长、复杂截面无法生产。

模拉生产异形钢丝的工艺流程：冷拉圆丝→热处理→酸洗→磷化→涂硼砂→拉拔成形→表面尺寸检验→取试样→理化检验→防锈处理→包装入库。

B 辊拉法

辊拉是金属在两个以上的模辊所组成的孔型内，通过拉丝机的牵引使钢丝向前运动，产生变形。钢丝与模辊之间的滚动摩擦力明显小于常规拉拔中的摩擦力。在摩擦力的作用下，模辊均匀转动，进入稳定拉拔状态。

优点：钢丝道次变形率大、尖角充满、形状精确、可生产复杂断面和较难变形的合金、不锈钢等。

缺点：模具一次性投资大、钢丝尺寸波动较大，注意控制。

（1）辊拉工艺流程。冷拉圆丝→退火→酸洗→涂层→辊拉→表面尺寸检验→取试样→理化检验→防锈包装→入库。

（2）坯料尺寸的选择。尺寸过大棱角易起刺，损伤模辊；尺寸过小孔型充不满。确定坯料尺寸主要考虑因素：变形方法（轧制还是拉制）成形道次；材料的硬度或延伸性能；润滑等。

C 轧制法

通过两辊或四辊主动轧机生产扁钢丝或其他形状钢丝的一种方式，分为冷轧和热轧两种方法。冷轧主要解决宽厚比小于等于4的异型丝生产，特别是扁钢丝、梯形丝、半圆钢丝等。

D 轧-拉复合法

先用轧机轧制出成品前形状，然后通过拉拔成形来生产异形钢丝的一种方法。该方法的优点是道次变形率大，可生产宽厚比较大、形状复杂，仅靠一种方法难以生产的异型钢丝。

4.1.10.2 工艺控制要点

A 宽展及影响因素的确定

宽展是圆丝在轧制前后的宽度变化量。不管是生产简单断面的圆丝、方丝、矩形丝，还是其他复杂断面的异型丝，都没有精确地确定圆钢丝直径的方法，因为同一种尺寸的产品，不同的生产方法，对圆丝直径要求不一样，而且同一种尺寸产品，同一种生产方法，不同的生产材料或设备对圆丝直径大小要求也不一样，因为影响宽展的因素很多，如压下量、摩擦系数、钢丝材质、辊径等，通过工艺试验，确定这些影响因素跟宽展的关系，制定合理的轧制工艺，合理的估算圆丝半成品直径，控制成品丝尺寸精度。

B　钢丝道次变形率及总变形率的确定

跟圆丝拉拔一样，都需要合理的分配道次变形率以及确定钢丝的总变形率，以保证生产的顺利进行。可以用高度压下量近似的表示，通过试验确定不同强度丝材的道次压下量，进而制定不同规格产品的合理的轧制道次。

C　应力控制

由于各种因素如摩擦、温度不均匀或轧辊变形等造成扁丝变形不均匀时，在金属内部就会引起内应力，这种内应力称为附加应力；在轧制后残存在金属内部的附加应力成为残余应力。无论是附加应力还是残余应力，其中各自都包含拉应力和压应力，二者同时存在，且互相平衡。其中拉应力更为有害，当其值超过强度极限时，扁丝就会产生裂纹。因此在实际生产中，力求变形和应力均匀分布，以减少附加应力和残余应力。但是实际生产时往往难以控制，因此需要通过试验，合理的去除应力，添加去应力装置或者其他方法。

D　成品丝线性

轧制时容易出现侧弯现象，侧弯的成因是由于钢丝通条性能不均或退火后钢丝本身产生的硬弯所致。拟解决的工艺试验：提高热处理退火的均匀性；适当增加圆丝直径，退火后先轻拉，再进行轧制。

E　热处理工艺试验

一般客户对异型钢丝都有一定的力学性能要求，如弯曲、延伸等。钢丝在经过轧制等冷加工变形之后这些力学性能就会相应的变化，弯曲和延伸性能降低，强度上升等。这些技术指标在很大程度上制约着国内产品的竞争，因此需要相应的热处理工艺试验，摸索生产工艺，进行高性能产品的生产，满足高端客户的需求。

F　润滑液

异型钢丝的润滑跟圆丝的润滑基本上一样，但是异型钢丝的生产速度快时变形热很大，直接影响轧制系统的精度，也影响异型丝的尺寸精度，因此异型钢丝对润滑剂的要求更高。拟选用几种润滑剂进行试验对比选择，确定不同材质异型丝所需要的最佳的润滑液。

G　导卫装置

导卫的作用是正确地将丝材导入轧辊孔型，保证异型丝在孔型中稳定变形，并得到所要求的几何形状和尺寸；同时又顺利、正确的将异型丝从孔型中导出，防止缠辊，还可以控制或强制丝材扭转或弯曲，并按照一定的方向运动。因此导卫装置应具有合理的结构、坚固耐磨、装卸方便安全、调整灵活等特点。因而要根据孔型形状、尺寸以及在轧辊上的配置使用情况，正确设计导卫装置的形状和尺寸，以保证导卫装置实现其作用。并根据生产实际选取合适的材质，并尽量使其常用部件标准化，减少机械加工量，减少备件储备。

4.2 应知训练

判断题

（1）预应力钢丝按外形分为光圆、螺旋肋、刻痕三种。（　　）

（2）桥梁缆索用热镀锌钢丝进行稳定化处理的三个主要工艺参数是：温度、张力、速度。（　　）

（3）预应力混凝土用钢棒分为光圆、螺旋槽、螺旋肋、带肋钢棒。（　　）

（4）钢纤维分为切断纤维、剪切纤维、切削纤维、熔钢抽丝纤维四种。（　　）

（5）钢帘线强度等级分为 NT 和 HT。（　　）

（6）胶管钢丝表面镀一层黄铜主要是为了防锈。（　　）

（7）铝包钢丝中国代号是 LB。（　　）

（8）药芯焊丝的制造方法主要有钢管法、钢带法、盘条法三种。（　　）

（9）异形钢丝冷加工成形方法分为模拉法、辊拉法、轧制法等。（　　）

（10）不锈钢按正火后的金相组织不同可分为：奥氏体类钢、铁素体类钢、马氏体类钢、奥氏体-铁素体类钢、沉淀硬化型钢。（　　）

4.3 技能训练

实训任务　低松弛级光面预应力钢丝的生产

【实训目的】

掌握低松弛级光面预应力钢丝的生产过程。

【操作步骤】

（1）盘条表面准备及烘干。

（2）直进式拉丝机拉拔。

（3）稳定化处理。

（4）检验。

（5）包装入库。

【训练结果评价】

（1）学生自评，总结个人实训收获及不足。

（2）小组内部互评，根据学生实训情况打分。

（3）教师根据训练结果对学生进行口头提问，给学生打分。

（4）教师根据以上评价打出综合分数，列入学生的过程考核成绩。

模块 5　钢丝质量检验

【知识要点】

(1) 钢丝质量检验的依据。

(2) 钢丝质量检验的技术方法、设备、仪器等。

【技能目标】

(1) 知道常用钢丝质量检验的检验方法和手段。

(2) 能对半成品、成品钢丝的相关特性进行正确检验并出具检验报告。

5.1　知识准备

对于成品钢丝的拉拔要求是使成品钢丝达到相应标准的技术条件，即获得一定尺寸精度、表面质量和一定的机械性能要求。这不但要求工艺流程和工艺制度合理，而且与操作者的技术水平，工作质量有关。操作者技术水平的高低、操作质量的优劣，不但对顺利拉拔有影响，而且还影响产品质量。因此，对于每个拉丝操作者应树立"质量第一"的观点，操作者应了解产品质量的要求。产品质量的好坏是通过检查和试验进行鉴定的。

对钢丝质量的检验要求一般以产品技术标准（国家标准、行业标准、地方标准、企业标准）和其他相关的产品设计图样、作业文件或检验规程中明确规定作为质量检验的技术依据和检验后比较检验结果的基础。经对照比较，确定每项检验的特性是否符合标准和文件规定的要求，确定每项质量特性是否合格，从而对单件产品或批产品质量进行判定。

成品钢丝常用的检验内容包括如下几个方面。

5.1.1　钢丝尺寸的检查

普通钢丝一般采用精度为 0.01mm 量具（千分尺）测定钢丝的直径和椭圆度。精度要求较高的细钢丝宜用 0.001mm 的量具（万分卡）来测量。

标准中钢丝的名义尺寸称为公称尺寸，由于实际生产中难于达到公称尺寸，标准中规定的实际尺寸与公称尺寸之间有一定的允许差值，称为偏差。差值为负值称为负偏差，差值为正值称为正偏差。直径公差等于标准中规定的允许正、负偏差绝对值之和。椭圆度表示钢丝横断面上直径不等现象，其值等于实际最大值与实际最小直径之差。如 YB/T 5343—2009 制绳用钢丝规定，其直径允许偏差见表 5-1。

表 5-1 直径允许偏差 （mm）

公称直径	允 许 偏 差	
	光面、B 级和 AB 级	A 级
$0.15 \leq d < 0.30$	±0.01	±0.02
$0.30 \leq d < 0.60$	±0.01	±0.03
$0.60 \leq d < 1.00$	±0.02	±0.03
$1.00 \leq d < 1.60$	±0.02	±0.04
$1.60 \leq d < 2.40$	±0.03	±0.05
$2.40 \leq d < 3.70$	±0.03	±0.06
$3.70 \leq d < 5.20$	±0.04	±0.07
$5.20 \leq d < 6.00$	±0.05	±0.08

5.1.2　钢丝表面质量的检查

钢丝的表面通常用肉眼检查，某些产品可用大于 5 倍的放大镜检查。

通常规定：表面不得有裂纹、竹节、起刺、伤痕和锈蚀等。

对于不同品种的钢丝还有一些特殊的表面要求。例如镀锌钢丝的锌层应连续、均匀；轮胎钢丝表面要求平滑并涂有均匀的铜层，不得有油渍等。

对于钢丝线盘要求整齐，不得有紊乱的线圈，缩圈或成 "∞" 字形。有的对不同直径的钢丝还有盘径要求。

5.1.3　钢丝的物化性能检验

5.1.3.1　化学成分检验

钢丝的化学成分一般都属于对线材的技术要求，碳素钢丝的化学成分主要有碳（C）、硅（Si）、锰（Mn）、硫（S）、磷（P）等。它们对钢丝的质量和性能的影响很大。它们的含量都有一定范围要求。有的钢丝对成分要求比较严格，如焊条钢丝对成品钢丝要求作抽样检验。

5.1.3.2　力学性能试验

各种钢丝产品标准中通常要求作力学性能试验。试验项目主要有：拉力试验、反复弯曲试验、扭转试验、缠绕试验；调质钢丝还需作硬度试验。某些弹簧钢丝和表面有镀层的钢丝需要作缠绕试验。另外，疲劳试验能正确反映钢丝承受反复应力状态的工作条件下的使用性能，该项试验未列入产品标准验收内容，只用作考核钢丝质量的测试手段。

5.1.3.3　镀层质量检验

对于表面要求镀锌的钢丝，一般要求检验锌层的质量，即锌层的厚度、牢固度和均匀度。用以下方法试验。

A　锌层重量试验

按 GB/T 2973—2004 镀锌钢丝锌层质量试验方法进行。以 g/m^2 为单位考核锌层的厚度。即上锌量。

　　B　硫酸铜试验

　　按 GB/T 2972—1991 镀锌钢丝锌层硫酸铜试验方法进行，用于测定钢丝锌层的均匀性。将试样按规定浸置时间，浸入一定浓度及一定温度的硫酸铜溶液，直到试样附着铜以前，考核所浸置的次数。

　　C　缠绕试验

　　按 GB/T 2976—2004 金属材料线材缠绕试验方法进行，用于检查圆形有镀层金属表面镀层结合牢固性。该试验是将试样沿螺线方向以紧密的螺旋圈缠绕在直径 D 的芯杆上，D 的大小应符合标准的规定。缠绕后用肉眼判断其镀层不得开裂或脱落。也可用此法来考核钢丝的塑性、表面质量、内部缺陷等。

5.2　应知训练

5.2.1　单选题

（1）准确的"检验"定义是（　　）。

　　A. 通过测量和试验判断结果的符合性

　　B. 记录检查、测量、试验的结果，经分析后进行判断和评价

　　C. 通过检查、测量进行符合性判断和评价

　　D. 通过观察和判断，适当时结合测量、试验进行符合性评价

（2）正确的不合格品定义是（　　）。

　　A. 经检查确认质量特性不符合规定要求的产品

　　B. 经检查需确认质量特性是否符合规定要求的产品

　　C. 经检验确认质量特性不符合规定要求的产品

　　D. 经检验尚未确认质量特性的产品

（3）对纠正措施的正确理解应是（　　）。

　　A. 把不合格品返工成为合格品采取的措施

　　B. 把不合格品降级使用而采取的措施

　　C. 为消除已发现的不合格原因而采取的措施

　　D. 为消除已发现的不合格品而采取的措施

（4）如何对待不合格品返工返修后检验问题，正确的做法是（　　）。

　　A. 不合格品返工后仍不合格，所以不需重新进行检验

　　B. 不合格品返工后成了合格品，所以不需要再进行检验

　　C. 返修后还是不合格品，所以不需要重新进行检验

　　D. 返工后不管是否合格都需要重新进行检验

（5）生产企业中有权判定产品质量是否合格的专门机构是（　　）。

　　A. 设计开发部门　　　　　　　　B. 工艺技术部门

　　C. 质量检验部门　　　　　　　　D. 质量管理部门

（6）检测中出现异常情况时（　　）的做法是不正确的。

  A. 因试样（件）失效，重新取样后进行检测的，可以将两次试样的检测数据合成一个检测报告

  B. 检测仪器设备失准后，需修复、校准合格方可重新进行检测

  C. 对出现的异常情况应在记录中记载

  D. 检测数据出现异常离散，应查清原因纠正后才能继续进行检测

（7）检测记录应有人签名，以示负责，正确签名方式是（　　）。

  A. 可以他人亲笔代签   B. 签名栏姓名可打字

  C. 需本人亲笔签名或盖本人印章   D. 可以由检验部门负责人统一代签

5.2.2 多选题

（1）产品质量主要是满足（　　）要求。

  A. 政府法律、法规   B. 安全性   C. 使用性能

  D. 互换性   E. 性能价格比

（2）质量检验定义中所涉及的活动有（　　）。

  A. 培训   B. 测量   C. 设计研究开发

  D. 观察   E. 试验   F. 比较

（3）质量检验依据的主要文件有（　　）。

  A. 产品图样   B. 顾客反馈意见的记录   C. 技术标准

  D. 工艺文件   E. 合同文本

（4）产品验证需要提供"客观证据"，这里的"客观证据"可以是（　　）。

  A. 产品合格证   B. 质量证明书

  C. 供货合同单   D. 检测报告

（5）（　　）是质量检验中的主要步骤。

  A. 测量或试验   B. 检定

  C. 记录   D. 隔离

（6）质量检验的主要功能有（　　）。

  A. 提高检验人员能力   B. 鉴别质量是否符合规定要求

  C. 把住不合格品不放行的关口   D. 根据质量状况分析提出改进建议

（7）不合格品处理有（　　）的几种形式。

  A. 报废   B. 检验

  C. 纠正   D. 让步

（8）不合格品隔离的主要内容有（　　）。

  A. 把不合格品码放整齐   B. 对不合格做出标志

  C. 设立专职人员看守   D. 设立隔离区或隔离箱

（9）（　　）是质量检验部门的权限。

  A. 有权处置不合格品责任者并给以相应处罚

  B. 有权按照有关技术标准的规定判定产品是否合格

  C. 对产品形成过程中产生的不合格品责令责任部门纠正和提出纠正措施

D. 有权制止忽视质量的弄虚作假行为

（10）产品生产者为了（　　）需要，必须设置独立的质量检验机构。

A. 确保产品质量　　　　　　　　B. 确保检验人员的稳定

C. 确保检验设备集中使用　　　　D. 确保提高生产效率　　　　E. 确保降低成本

5.3　技能训练

5.3.1　实训任务　金属线材拉伸试验

【实训目的】

（1）掌握金属线材强度和塑性指标的检验方法。

（2）认识并正确操作万能试验机。

【操作步骤】

（1）依据相关试验标准进行试验：如 GB/T 228.1—2010 金属材料拉伸试验室温试验方法。

（2）试样准备。根据检验项目的要求，在待检钢丝上随机截取，表面有磨痕或机械损伤、裂纹以及肉眼可见的冶金缺陷的试样均不允许用于试验。试样标距应按试验标准、产品标准或者协定。

（3）试验过程：

1）原始标距 L_0 标记和直径测量 d：原始标距一定要准确可靠，建议先用签字笔做好标记，然后使用小裁纸刀在试样表面轻刻出划痕，划痕长度不应超过 1/4 试样周长，选择划痕中与试样轴向垂直程度最好的部位，再用签字笔进行标记，签字笔画线的长度最好不超过 1mm，以避免由于标距不平行造成的测量偏差。用最小分辨率为 0.02mm 的游标卡尺精确测量试样直径。

2）试验机和引伸计要符合试验标准的要求。

3）将试样两端装上套筒，固定于试验机上端夹头。将引伸计以相对的方向固定于试样上。为避免引伸计刀口在装卸过程中对试样上原有标距的损伤，同时避免标距划痕对引伸计响应精确程度的影响，应将引伸计固定于没有划痕的两侧。

4）开动试验机，使试样受到缓慢增加的拉力（应根据材料性能和试验目的确定拉伸速度），直到拉断为止，并利用试验机的自动绘图装置绘出材料的拉伸图。观察试验过程中的强化、冷作硬化和颈缩等现象——在强化阶段的任一位置卸载后再加载进行冷作硬化现象的观察；此后，待主动针再次停止转动而缓慢回转时，材料进入颈缩阶段，注意观察试样的颈缩现象。

5）取出试样断体，观察断口情况和位置。将试样在断裂处紧密对接在一起，并尽量使其轴线处于同一直线上，测量断后标距 L_u 和颈处的最小直径 d_u（应沿相互垂直的两个方向各测一次取其平均值），计算断后最小横截面积 S_u。

（4）结果评定。拉伸试验的强度指标和塑性指标依据 GB/T 228.1—2010 试验标准进行数据处理。

出现下列情况之一时，试验结果无效。1）试样断在标距外或断在机械画的标距标记上。2）由于试样夹持装置不合理，造成试件表面咬伤致使试件过早破坏，影响试验数据的准确性；操作不当使试验数据不准时。3）试验数据采集有误或处理有误时。试验前认真检查，核对试样，如有缺陷，建议立即更换并注明原因。

（5）试验报告。试验报告应包括：标准编号、试样标志、材料名称、牌号、试样类型、试样取样位置和方向、所测性能结果。

【训练结果评价】

（1）学生自评，总结个人实训收获及不足。

（2）小组内部互评，根据学生实训情况打分。

（3）教师根据训练结果对学生进行口头提问，给学生打分。

（4）教师根据以上评价打出综合分数，列入学生的过程考核成绩。

5.3.2 实训任务 金属线材反复弯曲试验

【实训目的】

（1）掌握金属线材耐反复弯曲性能的检验方法。

（2）认识并正确操作线材反复弯曲试验机。

【操作步骤】

（1）依据相关试验标准进行试验：如 GB/T 238—2013 金属材料线材反复弯曲试验方法适用于直径为 0.3 ~ 10mm 的金属线材。

（2）试样准备。试样可从外观检验合格线材的任意部位截取，若有关技术条件或双方协议另有规定，按规定执行。试样长度一般为 150 ~ 250mm。

线材试样试验前进行矫直：必要时试样可以用手，在用手不能矫直时，可在木材、塑性材料或铜的平面上用相同材料的锤头矫直。但试验时，在其弯曲平面内允许有轻微的弯曲。在矫直过程中，不得损伤线材表面，且试样也不得产生扭曲。有局部硬弯的线材应不矫直，如从绳索上取下的线材。

（3）试验过程：

1）试验一般应在室温 10 ~ 35℃ 内进行，对温度要求严格的试验，试验温度应为 23℃ ±5℃。

2）接好反复弯曲试验机的电源线，按需要调整速度。

3）使弯曲臂处于垂直位置，将试样由拨杆孔插入，试样下端用夹紧块夹紧，并使试样垂直于圆柱支座轴线，如图 5-1 所示。

4）按"开"键，试验开始，数显表记录弯曲次数；弯曲试验室将试样弯曲 90°，再向相反方向交替进行；将试

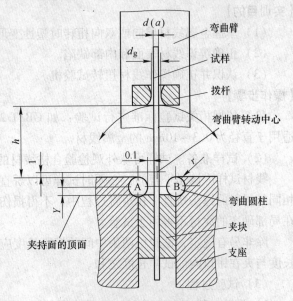

图 5-1 线材反复弯曲试验仪（mm）

d—线材公称直径；a—厚度；d_g—拨杆孔直径；

h—距离；r—弯曲圆弧半径

样自由端弯曲 90°，再返回起始位置作为第一次弯曲。

5）弯曲操作应以每秒不超过一次的均匀速率平稳无冲击地进行，必要时，应降低弯曲速率以确保试样产生的热不至于影响试验结果。

6）试验中为确保试样与圆柱支座圆弧面的连续接触，可给试样施加某种形式的张紧力。除非相关产品标准中另有规定，施加的张紧力不得超过试样公称抗拉强度相对应力值的 2%。

7）弯曲次数按有关技术条件规定或试样断裂后，电机自动停止，数显表保持断裂弯曲次数；记录数显表中显示的次数，按标准规定，最后一次弯曲次数不计，从总数中减去一次，即为试样的弯曲次数有效值。

8）将断裂的试样取出，按"复位"键，上夹具复位，同时，数显表清零。

（4）结果评定。记录线材直径、弯曲圆弧半径、弯曲次数、标准号，必要时记录试样折裂特征（如断口形貌）。

（5）试验报告。试验报告应包括：标准编号、试样标志（如材料类别、炉号）、试样公称直径 d 或最小厚度 a、试样制备的详细情况（如矫直情况）、试验条件、终止试验依据、试验结果。

【训练结果评价】

（1）学生自评，总结个人实训收获及不足。

（2）小组内部互评，根据学生实训情况打分。

（3）教师根据训练结果对学生进行口头提问，给学生打分。

（4）教师根据以上评价打出综合分数，列入学生的过程考核成绩。

5.3.3　实训任务　金属线材扭转试验

【实训目的】

（1）掌握金属线材单向或双向扭转时塑性变形性能的检验方法。

（2）正确辨识线材表面和内部缺陷。

（3）认识并正确操作线材扭转试验机。

【操作步骤】

（1）依据相关试验标准进行试验：如 GB/T 239—1999 金属材料线材扭转试验方法，适用于直径为 0.3~10mm 的金属线材。

（2）试样准备。试样可从外观检验合格线材的任意部位截取。

线材试样应该是平直的：必要时试样可以矫直，可在木材、塑性材料或铜的平面上用相同的材料的锤头矫直。在矫直过程中，不得损伤线材表面，且试样也不得产生扭曲。存在局部硬弯的线材不得用于试验。

除非另有规定，试验机两头中间的标距长度应符合标准的规定，试样总长度应为标距长度与夹在钳口内的试样长度之和。

（3）试验过程：

1）试验一般应在室温 10~35℃ 内进行，对温度要求严格的试验，试验温度应为 23℃ ±5℃。

2）将试样置于试验机夹持钳口中，使其轴线与夹头轴线相重合，并施加某种形式的拉紧力, 其大小不得大于该材料公称抗拉强度相应力值的2%。

3)除非另有规定, 否则按标准要求设定扭转速度, 其偏差应控制在规定转速的±10%以内。

4)试样置于试验机夹紧后, 以恒定的速度进行单向或双向扭转可转动夹头, 计数装置自动计数, 直至试样断裂或达到规定转数为止。

5)当试样扭转次数、表面及断口符合有关标准规定时, 试验有效。如果未达到规定的次数, 且断口位置在离夹头 $2d$ (D) 范围内, 则该试验无效。在试验过程中发生严重劈裂, 则最后一次扭转不计。

(4)结果评定。试样扭转次数、断口及表面状态符合相关规定则试验合格。

金属线材表面和内部缺陷, 试样的扭转断裂类型、外观形貌及断口特征典型分为三类: 正常扭转断裂, 断裂面上无裂纹; 局部裂纹断裂, 试样表面有局部裂纹; 螺旋裂纹断裂, 试样全长或大部分长度上有螺旋形裂纹。

(5)试验报告。试验报告应包括: 标准编号、试样标志(如材质、牌号)、试样公称直径 d 或特征尺寸 D、试样制备的详细情况(如矫直方法)、试验条件(如标距、速度、拉紧力)、试验结果(如扭转次数、断裂类型)。

【训练结果评价】

(1)学生自评, 总结个人实训收获及不足。

(2)小组内部互评, 根据学生实训情况打分。

(3)教师根据训练结果对学生进行口头提问, 给学生打分。

(4)教师根据以上评价打出综合分数, 列入学生的过程考核成绩。

5.3.4 实训任务 金属线材缠绕试验

【实训目的】

(1)掌握镀层金属和无镀层金属线材承受缠绕和松懈性变形能力及镀层结合牢固度的检验方法。

(2)认识并正确操作线材缠绕试验机。

【操作步骤】

(1)依据相关试验标准进行试验: 如 GB/T 2976—2004 金属材料线材缠绕试验方法。

(2)试样准备。试样可从外观检验合格线材的任意部位截取, 或按有关标准规定执行。

线材试样的长度一般为 (500 ± 10) mm, 实验前可放在木垫上用木槌轻轻打直。但不得损伤线材表面。

(3)试验过程:

1)试验一般应在室温 10~35℃ 内进行, 对温度要求严格的试验, 试验温度应为23℃±5℃。

2)试样应在没有任何扭转的情况下, 以每秒不超过一圈的恒定速度以螺旋线方向紧密缠绕在芯棒上, 必要时可以减慢速度, 以避免发热造成的影响。

3)为保证紧密缠绕, 可在试样自由端施加一拉力, 不大于线材公称抗拉强度所对应负荷的5%。缠绕时线圈应紧密排列, 不能重叠, 缠绕圈数一般为 5~10 圈, 如图5-2、图5-3所示。

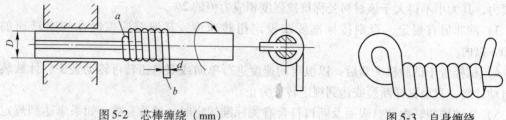

图 5-2　芯棒缠绕（mm）　　　　　　　　　　图 5-3　自身缠绕

D—缠绕芯棒直径；d—圆形线材直径或异形线材公称直径；

a—试样固定端；b—试样自由端

4）如果要求解圈或解圈后再缠绕，解圈和再缠绕的速度一定要慢，以免发热影响试验结果，解圈时，试样末端应至少保留一圈缠绕圈。

5）缠绕完成取下试样进行评定。

（4）结果评定。可以用肉眼观察，直径或尺寸小于 0.5mm 的线材需在大约 10 倍的情况下判断，有镀层的线材，其镀层不得开裂或脱落，无镀层的线材不得有裂缝、折断和分层或符合有关标准规定。进行松懈试验，允许试样有自然弯曲。进行缠绕拉伸试验，按有关标准检查螺旋状间距的均匀性。

（5）试验报告。试验报告应包括：标准编号，试样标记（如材质、镀层类别）、试样直径或厚度、芯棒直径、试验条件（如圈数、缠绕长度），试验结果。

【训练结果评价】

（1）学生自评，总结个人实训收获及不足。

（2）小组内部互评，根据学生实训情况打分。

（3）教师根据训练结果对学生进行口头提问，给学生打分。

（4）教师根据以上评价打出综合分数，列入学生的过程考核成绩。

5.3.5　实训任务　硫酸铜试验

【实训目的】

（1）掌握硫酸铜试验检验镀锌钢丝锌层均匀性的方法。

（2）熟悉化学溶液配制方法。

【操作步骤】

（1）依据相关试验标准进行试验：如 GB/T 2972—1991 镀锌钢丝锌层硫酸铜试验方法。

（2）试样准备。试样长度不小于 150mm，切取试样时注意避免表面损伤，调直用手，钢丝绳拆股可不用调直。

（3）试验溶液配置。将 36g 硫酸铜晶体溶于 100mL 蒸馏水中，可加热至晶体溶解，但需冷却至室温。为中和溶液当中的游离酸可加入过量碱中和（溶液中出现沉淀为过量）：每 10mL 溶液加入 10g 粉状氢氧化铜搅拌，静置 24h 后过滤。

试验溶液置于不与硫酸铜反应的容器中，高度不小于 100mm；容器内径，对于直径小于 2.6mm 的钢丝不小于 50mm，对于直径大于 2.6mm 的钢丝不小于 75mm，最多可以同时试验 6 根，溶解锌达到 5g/L 时更换溶液。

（4）试验过程。试验前将试样用乙醇、汽油等溶剂清洗，必要时再用氧化镁糊剂轻擦并用水洗后迅速干燥。

将洁净试样轻轻浸置于静置的温度为18℃±2℃溶液中，不得搅拌溶液，试样不可以彼此接触也不能和容器壁接触，按钢丝产品标准规定时间浸置，平稳地取出试样，立即用水洗净，用脱脂棉花将附在锌层表面上的铜及其化合物去掉，反复操作。

试样钢基上附着牢固的铜为达到终点，以下情况为未达到终点：附着牢固的铜的面积不大于$0.05cm^2$，用钝器（刀背）能将附着的铜除去且在铜下呈现出锌层，在距试样端部20mm以内析出铜。

（5）合格与否判定。进行钢丝产品标准规定的次数，达不到终点为合格。

【训练结果评价】

（1）学生自评，总结个人实训收获及不足。

（2）小组内部互评，根据学生实训情况打分。

（3）教师根据训练结果对学生进行口头提问，给学生打分。

（4）教师根据以上评价打出综合分数，列入学生的过程考核成绩。

5.3.6 实训任务 锌层重量试验

【实训目的】

（1）掌握重量法测试镀锌钢丝锌层重量的试验方法。

（2）会进行溶液配制，熟悉电子天平等仪器的使用。

【操作步骤】

（1）依据相关试验标准进行试验：如 GB/T 2973—2004 镀锌钢丝锌层质量试验方法。

（2）试样准备。试样长度根据线径不同按标准要求截取，切取试样时注意避免表面损伤，局部有明显损伤的试样不能使用。

（3）试验溶液配置。用3.5g六次甲基四胺溶于500mL浓盐酸（相对密度1.18以上）中，用蒸馏水稀释至1000mL待用。

（4）试验过程。试验前将试样用乙醇、汽油等溶剂清洗，必要时再用氧化镁糊剂轻擦并用水洗后迅速干燥。

用电子天平称量试样去掉锌层前的质量W_1并记录，钢丝直径不大于0.80mm的至少精确到0.001g，钢丝直径大于0.80mm的至少精确到0.01g。

试样完全浸入溶液中，若试样比容器长可将试样适当弯曲或卷起来，试验过程中试验溶液温度不能超过38℃。

当气泡发生明显减少，锌层完全溶解后，取出试样立即水洗用棉布擦净充分干燥，再次称量试样去掉锌层后的质量W_2。

用游标卡尺测量试样去掉锌层后的直径d，应在同一圆周上两个互相垂直的位置各测一次取平均值。精确到0.01mm，记录数据。

（5）试验结果计算。钢丝锌层质量计算公式：

$$W = \frac{W_1 - W_2}{W_2} \times d \times 1960$$

根据需方要求钢丝镀锌层厚度可用下列公式计算：

$$\delta = \frac{W}{\rho} \times 10^{-3}$$

式中　δ——锌层近似厚度，mm；

　　　ρ——镀锌层密度，g/cm³（纯锌层的密度为 7.2g/cm³）。

（6）试验报告。试验报告应包括：本标准编号和试验方法、试样类别和规格、试验结果。

【训练结果评价】

（1）学生自评，总结个人实训收获及不足。

（2）小组内部互评，根据学生实训情况打分。

（3）教师根据训练结果对学生进行口头提问，给学生打分。

（4）教师根据以上评价打出综合分数，列入学生的过程考核成绩。

模块 6　钢丝生产的设备

【知识要点】

（1）知道钢丝生产设备的种类。

（2）明白常用的钢丝生产主要设备的工作原理。

（3）了解钢丝生产辅助设备的功能。

【技能目标】

（1）能进行对焊机、轧尖机的操作。

（2）知道常用拉丝机的操作方法。

6.1　知识准备

6.1.1　钢丝生产设备分类及代号

我国钢丝钢绳生产企业及其他有色金属丝生产企业所采用的拉丝机种类繁多，且随着拉丝生产的发展，技术的进步，拉丝机的型式和结构还在不断完善和改进。钢丝生产普遍采用卷筒形式的拉丝机。各种不同类型拉丝机最主要的区别是金属丝在拉拔过程中的走向是否产生弯曲或扭转、拉拔道次的多少、润滑剂的品种以及工作原理的不同等等。因此，拉丝机的分类方法也很多。

6.1.1.1　拉丝机的分类

（1）按拉拔道次分：

1）单次拉丝机。钢丝在拉丝机上仅拉拔一次，即钢丝只通过一个拉丝模。

2）多次拉丝机。钢丝在拉丝机上拉拔多次，即钢丝通过多个拉丝模。

（2）按工作原理分：

1）无滑动式拉丝机。拉拔时钢丝与卷筒之间基本无相对滑动。

2）滑动式拉丝机。拉拔时钢丝与卷筒之间有相对滑动。

（3）按拉拔时钢丝的运动方式（即按钢丝在拉拔时的走向）分：

1）滑轮式拉丝机（亦称积线式拉丝机）。卷筒之间有导线轮装置，有差动拨线机构。

2）活套式拉丝机。卷筒之间有活动张紧轮，无差动拨线机构。

3）直进式拉丝机（也称直线式拉丝机）。卷筒之间无导线轮装置，无差动拨线机构，钢丝走向呈直线。

4）双卷筒式拉丝机。具有相同直径的上、下卷筒，但只拉拔一道次，下卷筒拉拔，上卷筒积线并同时为下一道拉拔放线。与双层卷筒式拉丝机的区别在于工作时它的上、下卷筒旋转方向相反，而双层卷筒的上、下两层卷筒同向旋转。

5）双层卷筒式拉丝机。具有不同直径（一般是上大下小，而差动式为相同直径）的上、下两层卷筒。钢丝在上、下两层卷筒上各拉拔一道次（与此相类似的成品卷筒除外，它只拉拔一次，上、下两层卷筒的上层稍大且无差动）。由于结构不同，双层卷筒式拉丝机又分为同一传动式双层卷筒拉丝机和差动式双层卷筒拉丝机。由于上、下两层卷筒有导线轮装置或差动机构，因此也可将双层卷筒式拉丝机归为滑轮式拉丝机之列。

6）组合式拉丝机。由上述两种或两种以上型式组合成型的拉丝机。如滑轮式与双卷筒式的组合，活套式与双卷筒式的组合，双层卷筒式与活套式的组合，直进式与双卷筒式的组合等等。

（4）按卷筒工作位置分：

1）立式拉丝机。卷筒轴线垂直于地平面，又可分为正立式（即通常说的立式）和倒立式两种。

2）卧式拉丝机。卷筒轴线平行于地平面。

（5）按电力驱动方式分：

1）交流电机传动的拉丝机（简称交流拉丝机）。

2）直流电机传动的拉丝机（简称直流拉丝机）。

（6）按机械传动方式分：

1）集中驱动拉丝机。由一台电机通过中间传动装置传动所有卷筒（目前很少采用）。

2）分别驱动拉丝机：分别由一台电机传动一个卷筒。

（7）按钢丝受力状态分：

1）无反拉力拉丝机。

2）带反拉力拉丝机。

（8）按拉拔润滑剂分：

1）干式拉丝机。采用固体润滑剂拉拔，如肥皂粉。

2）湿式拉丝机。采用液体润滑剂拉拔，如肥皂水。

（9）按拉拔线径分。拉丝机拉拔线径分类，见表6-1。

表6-1　拉丝机按拉拔线径分类

名　　称	拉拔成品直径/mm	卷筒直径/mm
特粗钢丝拉丝机	>8	>800
粗钢丝拉丝机	6~8	650~750
较粗钢丝拉丝机	3~6	600~700
中粗钢丝拉丝机	1.5~3	450~600
细钢丝拉丝机	0.5~1.5	250~350
较细钢丝拉丝机	0.1~0.5	200~250
特细钢丝拉丝机	<0.1	100~200

6.1.1.2　拉丝机的基本类型

拉丝机的基本类型有六种，见表6-2。

表 6-2 拉丝机的常用类型

型 号	拉拔丝成品直径/mm	工 作 特 性
LT	0.1～1.2	滑动式拉丝，多道次拉拔
LW	0.5～4.5	无滑动积线式拉丝，有扭转
LS	0.4～3.5	无滑动积线式拉丝，无扭转
LH	0.5～6.0	无滑动、无扭转
LZ	0.5～7.0	无滑动、无扭转
LD	＜22	1～2道次拉拔

6.1.1.3 拉丝机的主要技术参数

拉丝机的技术参数体现出拉丝机的规格、性能和用途等设备要素，是设计制造和选用拉丝机的重要依据。拉丝机的主要技术参数（简称主参数）有拉拔卷筒公称直径、公称拉拔力和拉拔道次。除此之外拉丝机还有原料强度、进线直径、出线直径、总压缩率、部分压缩率、末卷筒（成品卷筒）的拉拔速度和容量等基本参数。拉丝机的主要参数应符合表6-3中的规定，并成为拉丝机型号的主要内容，而基本参数则在拉丝机的使用说明书中详细标明。

表 6-3 拉丝机主要技术参数表

公称拉拔力/kN	拉拔卷筒直径/mm 型 号						最多拉拔道次
	LT	LW	LS	LH	LZ	LD	
1.6	160	—	—	—	—	—	21
	200	—	—	—	—	—	
	220	—	—	—	—	—	
3.2	280	—	220	220	220	—	15（21）
	300	—	280	280	280	—	
	350	—	300	300	300	—	
4.0	350	280	280	280	280	—	15（21）
	400	300	300	300	300	—	
	450	350	350	350	350	—	
6.3	—	350	350	350	350	—	12
	—	400	400	400	400	—	
	—	450	450	450	450	—	
10.0	—	450	450	450	450	—	12
	—	500	500	500	500	—	
	—	560	560	560	560	—	
16.0	—	560	560	560	560	560	11
	—	600	600	600	600	600	
	—	670	670	670	670	670	

续表 6-3

公称拉拔力/kN	拉拔卷筒直径/mm						最多拉拔道次
	型　号						
	LT	LW	LS	LH	LZ	LD	
25.0	—	670	670	670	670	670	11
	—	700	700	700	700	700	
	—	750	750	750	750	750	
40.0	—	750	750	750	750	750	10
	—	—	—	750	750	750	
63.0	—	—	—	900	900	900	10
80.0	—	—	—	—	900	900	10
100	—	—	—	—	900	900	10
125	—	—	—	—	1200	1200	10

6.1.1.4　拉丝机型号表示法

拉丝机型号表示法如下：

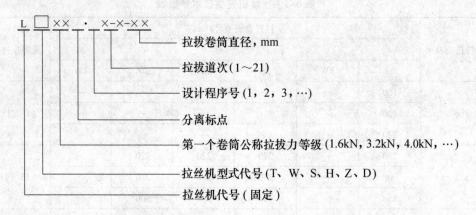

　　混合式组合的拉丝机，按组合次序排列，中间用"＋"号连接。

6.1.2　单次拉丝机

　　单独传动的单次拉丝机：每台拉丝机，由一台电动机通过中间传动装置来拖动。可调整拉拔速度。卷筒速度的改变靠变速箱。

　　按卷筒安装位置单次拉丝机分为：

　　（1）卧式卷筒单次拉丝机。其卷筒轴在拉丝机中水平安装，如图 6-1（a）、（b）所示。

　　（2）倒立式卷筒单次拉丝机。其卷筒轴在拉丝机中垂直倒立安装，如图 6-1（c）所示。

　　（3）立式卷筒单次拉丝机。其卷筒轴在拉丝机中垂直安装，如图 6-1（d）所示。

(a)

(b)

(c)

(d)

图 6-1 单次拉丝机外形图

6.1.2.1 工艺过程

单次拉丝机是一种无滑动拉丝机，钢丝在其上仅拉拔一次。其工艺过程如图 6-2 所示。

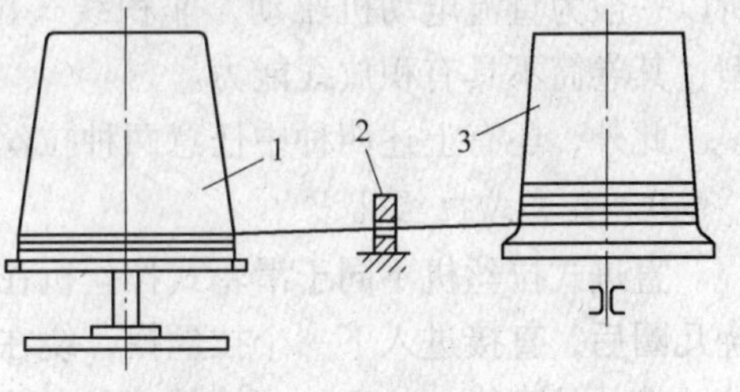

6.1.2.2 主要特点

优点：设备简单，操作容易。

缺点：拉拔速度低，导致它的生产率低，劳动强度大，产量低，占用较大的车间面积。

图 6-2 单次拉丝机的工作原理简图
1—放线架；2—拉丝模；3—卷筒

6.1.2.3 适用场合

可用来拉拔粗丝（线材），半成品丝和异型丝，小盘重，难拉拔的材料。为了提高单次拉丝机的生产率，减少停车卸线时间，常常配备自动下线机。

6.1.3 连续式拉丝机

6.1.3.1 无滑动连续式拉丝机

A 无滑动连续式拉丝机的工作原理

连续拉拔是钢丝生产的主要方式，连续拉丝机具有速度快，总压缩率大，产品质量好，劳动生产率高的特点。

连续式拉丝机按工作原理分为：无滑动连续式拉丝机和滑动式连续拉丝机。所谓无滑动连续拉拔是指，钢丝在拉拔过程中，钢丝与卷筒之间不产生相对滑动。无滑动连续式拉丝机可用于拉制普通碳素钢丝及合金钢丝，成品钢丝规格 $\phi0.3\text{mm}$ 左右，拉拔道次在 2 ~ 10 次范围内。

无滑动连续拉丝金属秒体积流量平衡的条件是：各道次上的钢丝延伸系数必须与机器系数一致。

在配模时，力求使 $\varepsilon_i = \mu_i$，但在实际拉拔过程中，拉丝模孔磨损会使 μ_i 改变，使 $\varepsilon_i \neq \mu_i$。有时电机速度会产生波动，引起 ε_i 改变，使 $\varepsilon_i \neq \mu_i$。这就要求连续式拉丝机应具备处理这种不平衡的能力，处理的方式不同，出现了两类不同的无滑动连续拉丝机。

a　积线式拉丝机

当 $U_i > U_i'$ 时，多余的钢丝自动积蓄在卷筒上；当 $U_i < U_i'$ 时，自动释放出卷筒上的部分积线，弥补进线速度的不足。使钢丝的拉拔速度与相应卷筒的速度相适应，实现无滑动拉拔。

这种拉丝机由于中间卷筒不能自动调速，即机器系数 ε_i 是固定的，允许出现 $\mu_i \neq \varepsilon_i$，模孔出现磨损后，道次间金属秒流量不等，引起卷筒上积线量的变化，积线式拉丝机包括滑轮式拉丝机和双卷筒式拉丝机两种类型，其卷筒具有自动调节积线量的能力。

b　非积线式拉丝机

这种拉丝机工作时，模孔出现磨损引起 μ_i 变化时，为保证道次间金属秒流量相等，钢丝的走线速度 U_i 要发生变化，为保持无滑动拉拔（$U_i = V_i$），则立即对卷筒速度 V_i 进行自动调整，也就是调整 ε_i，使平衡状态 $\varepsilon_i = \mu_i$ 重新恢复。这种拉丝机要求设备能自动调速，所以一般为直流电动机驱动，非积线式拉丝机包括直进式拉丝机和活套式拉丝机两种类型，其卷筒不具有积放线能力。

此外，还有上述四种中任意两种拉丝机的组合，即：组合式拉丝机。

B　直进式拉丝机

直进式拉丝机不同于滑轮式拉丝机在卷筒上积存一定数量的钢丝，而是钢丝在卷筒上绕几圈后，直接进入下一个拉丝模，绕在下一个卷筒上，钢丝在卷筒之间没有经过任何导轮，走的是直线，故又称"直线式拉丝机"。

目前的直进式拉丝机，为了提高钢丝冷却效果，将卷筒倾斜放置，以增加卷筒上的积线量。直进式拉丝机又分为：卧式直进式拉丝机如图 6-3（a）所示、立式直进式拉丝机如图 6-3（b）所示。其拉拔示意图，如图 6-4 所示。

a　工作原理

直进式拉丝机是一种无滑动连续式拉丝机，是通过调节中间卷筒速度，使 $\varepsilon_i = \mu_i$，直进式拉丝机都是采用直流电动机拖动，卷筒速度自动调节原理，如图 6-5 所示。

M_{Ai} 为第 i 号卷筒上的拉拔力矩和空载损失力矩之和；M_{Bi} 为第 i 号卷筒上的电动机驱动力矩；M_{Ci} 为第 i 号卷筒上的总负载力矩；Φ_i 为第 i 号卷筒上的电机励磁场的磁通量；T_i 为第 i 号卷筒与下一拉丝模之间钢丝的张力（即反拉力）；D 为卷筒直径（设各卷筒一样）。

从图中可以看到各电机的励磁电流和磁通量 Φ_i，来达到调节反拉力的目的。

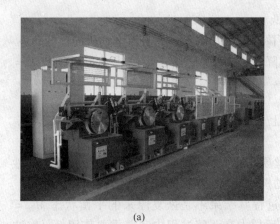 

(a)   (b)

图 6-3 直进式拉丝机外形图

图 6-4 直进式拉丝机拉拔示意图

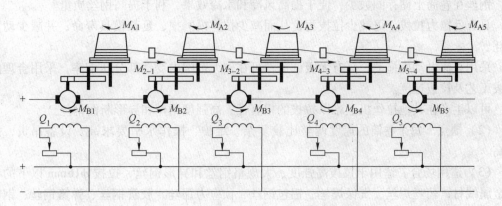

图 6-5 直进式拉丝机卷筒速度自动调节原理图

由各卷筒上力矩的平衡关系，可列出各卷筒上的总的负载力矩为：

$$M_{C1} = M_{A1} - T_1 \cdot D/2$$

$$M_{C2} = M_{A2} - T_2 \cdot D/2 + T_1 \cdot D/2$$

$$M_{C3} = M_{A3} - T_3 \cdot D/2 + T_2 \cdot D/2$$

$$M_{C4} = M_{A4} - T_4 \cdot D/2 + T_3 \cdot D/2$$

$$M_{C5} = M_{A5} + T_4 \cdot D/2$$

当拉丝机稳定工作时，各卷筒的力矩是平衡的。即 $M_{Bi} = M_{Ci}$。

现假定第四号卷筒的负载力矩 M_{C4} 增加为 M'_{C4}，分析一下各电动机是如何自动调整，恢复到新的平衡状态的。

由于 $M_{C4} > M_{B4}$，因而，第四号卷筒的转速 n_4 降低，这会引起 T_3 降低，从而 M_{C3} 增加。依此类推，将使 n_3 降低→T_2 降低→M_{C2} 增加 →n_2 降低→T_1 降低→M_{C1} 增加→n_1 降低；另

外，n_4 的降低，使 T_4 增加→M_{C5} 增加→n_5 降低。

可见 M_{C4} 的上升，使所有卷筒的转速均下降，$n_1 \sim n_5$ 降低，而直流电动机的反电动势 $E = Ce\Phi n$，n 降低→E 降低（$E_1 \sim E_5$ 都降低），串联的转子电路中总反电动势 $E = \sum E_i$ 也下降，这样 $I = \dfrac{V - E}{\sum R}$，$I$ 上升。

又直流电机转矩 $M_B = C_M \Phi I$，I 上升→M_B 上升。因此 M_{Bi} 上升，直到达 M'_{Bi}，当 $M'_{Bi} = M'_{Ci}$ 达到了新的平衡。

总之，拉丝机在拉拔过程中，由于各拉丝模孔的不均匀磨损或其他因素引起的钢丝秒体积不等，而使电动机负载发生变化时，电动机的转速会按照上述程序自动调整。

另外，可以看到，任何波动引起的调速过程其结果不是恢复原来的平衡状态 $M_{Bi} = M_{Ci}$，而是进入一个新的平衡状态 $M'_{Bi} = M'_{Ci}$。反拉力在调整过程中起着重要作用。每次波动之后，反拉力都会变化，不可能保持定值。反拉力不稳，对于拉拔细丝是不利的，过大的张力会造成断线。因此，这种直进式拉丝机仅用于粗拉。

b　直进式拉丝机特点

（1）优点。钢丝在拉拔过程中，从一个卷筒到另一个卷筒，不需经过任何导轮，走线简单，产生弯曲和扭转，而且穿线也方便，对钢丝的质量有利。

钢丝在卷筒上储存圈数少，便于提高风冷和水冷效果，利于提高钢丝质量。

具有反拉力拉拔，可减少拉拔力，从而减少拉丝模磨损，延长模具寿命，并减少动力消耗。

采用直流电动机拖动，具有无级调速，可在较大范围内变动部分压缩率，采用合理的拉拔工艺及拉拔速度。

可以生产在其他拉丝机上难以拉拔的粗直径、高强度钢丝和异形断面钢丝。

（2）缺点。每个卷筒的速度调整比较复杂，维护、操作水平要求高，设备昂贵，投资高。

（3）适用场合。适用于拉拔高强度、大规格钢丝和异形钢丝，拉拔 $\phi 16mm$ 以下的各种金属线材、药丝焊丝、气保焊丝、铝包钢丝、预应力钢丝、胶管钢丝、弹簧钢丝、钢帘线钢丝及中、高碳钢丝等。

6.1.3.2　有滑动式连续式拉丝机

滑动式连续拉丝机，是靠钢丝与卷筒表面之间的打滑来满足连续拉拔条件的。其拉拔过程是在水箱中进行的，使用肥皂水进行润滑，可以有效地散去钢丝拉拔及钢丝在卷筒上滑动所产生的热量，也称为水箱拉丝机。

A　滑动式拉拔的原理

a　建立拉拔力的条件

滑动式连续拉拔是指除最后一道外，其余中间卷筒上钢丝的走线速度总小于卷筒的圆周速度（$U_i < V_i$），即钢丝在卷筒上发生滑动，如图 6-6 所示。成品卷筒上钢丝的速度与成品卷筒的速度相等（$U_k = V_k$）。

用下列符号表示各有关参数：

V_1，V_2，…，V_i，…，V_k——第一卷筒、中间卷筒、成品卷筒的线速度；

U_1，U_2，$\cdots$，U_i，$\cdots$，U_k——第一卷筒、中间卷筒、成品卷筒钢丝走线速度；

F_1，F_2，$\cdots$，F_i，$\cdots$，F_k——第一卷筒、中间卷筒、成品卷筒上的钢丝模断面积。

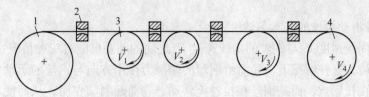

图 6-6 滑动式拉拔示意图

1—放线架；2—拉丝模；3—中间卷筒；4—成品卷筒

如图 6-6 所示，钢丝从放线架 1 放线，通过第一个拉丝模 2 在第一个卷筒上缠绕 2~4 圈后再进入第二个拉丝模，依次到成品卷筒 4。

为了实现连续拉拔，必须对钢丝施加拉拔力，滑动连续拉拔时的拉拔力是靠卷筒带动钢丝产生的，没有中间卷筒不可能实现拉拔，这是因为钢丝同时通过几个模子的变形量很大，只靠成品卷筒施加拉拔力，则作用在成品钢丝断面上的拉拔力太大，会引起断线。

现取任一个 i 号卷筒分析如下：

如图 6-7 所示，为了使第 i 个卷筒对通过第 i 个拉丝模的钢丝建立起拉拔力 P_i，必须对绕在第 i 个卷筒上的钢丝的放线端施加 Q_i，此 Q_i 使钢丝压紧在卷筒上，产生正压力 N，当卷筒转动时，卷筒与钢丝之间产生摩擦力，借助于此摩擦力建立起拉拔力 P_i，Q_i 也是穿过第 $i+1$ 个拉丝模的钢丝的反拉力。

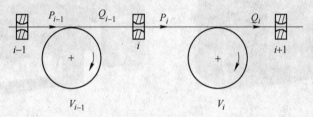

图 6-7 滑动连续拉拔时受力分析图

卷筒作用给钢丝的拉拔力 P_i 等于钢丝与卷筒之间的摩擦力。根据柔性体在圆柱体表面上的摩擦定律（欧拉公式）得

$$Q_i \cdot e^{2\pi mf} = P_i$$

式中 f——钢丝与卷筒之间的摩擦系数，一般取 $f = 0.1 \sim 0.2$；

m——缠绕圈数，一般取 $m = 2 \sim 4$ 圈。

一般情况下，$f = 0.1 \sim 0.15$，$m = 2$，则 $e^{2\pi mf}$ 的数值在 3.5~6.6 之间，即

$$P_i = (3.5 \sim 6.6)Q_i$$

结论：

（1）在滑动拉拔过程中，同一卷筒上的拉拔力与反拉力成比例关系，$P = KQ$。

一般情况下，$K > 3.5$。即 P 远大于 Q。

（2）若 $Q = 0$，则 $P = 0$，这时拉拔过程就会停止，要维持足够的拉拔力 P，就必须有一定的反拉力 Q 存在。

（3）上面分析是假定 $V > U$ 下得出的，倘若 $V < U$，则 $Q = KP(K > 3.5)$，这样的反拉力，钢丝必断无疑，这也是滑动式拉丝机为什么要求中间卷筒速度必须大于钢丝速度的原因所在。

b　实现带滑动拉拔的基本条件

卷筒的圆周线速度 V_i 与钢丝的走线速度 U_i 之间的关系可能有三种情况：

（1）$V_i < U_i$，这种情况下，卷筒给钢丝的摩擦力作用方向与钢丝的运动方向相反，意味着不是卷筒在拉钢丝，而是钢丝在拉卷筒转动，卷筒起制动作用，从而使反拉力急剧增大，$Q_i = e^{2\pi\mu f} \cdot P_i$，$Q_i$ 的增加，会引起第 $i+1$ 卷筒上的拉拔力 P_{i+1} 增大，继而拉拔应力增大，导致断线，故 $V_i < U_i$ 不能实现拉拔过程。

（2）$V_i = U_i$，这种情况下，钢丝与卷筒间无滑动。卷筒作用给钢丝的摩擦力方向与卷筒转动方向相同，为静摩擦。这种拉拔情况是不能持久的。一旦由于某种原因使出线端的钢丝走线速度大于卷筒的线速度，就会过渡到 $V_i < U_i$ 的情况，使正常的拉拔过程受到破坏。

（3）$V_i > U_i$，这种情况下的拉拔过程是相对稳定的，因此 $V_i > U_i$ 是有滑动拉拔过程的基本条件。

B　水箱拉丝机的结构

水箱拉丝机主要由传动部分、拉丝部分、收线部分组成，如图 6-8 所示。

(a)　　　　　　　　　　　　　　　　(b)

图 6-8　水箱拉丝机外形图

（a）普通立式；（b）翻转式（多用）

拉丝部分包括：塔轮、模架、水箱，如图 6-9 所示。

塔轮由一系列直径递增的阶梯组成，每一阶梯可看成是一个卷筒，卷筒的转速是一样的，卷筒的线速度与直径成正比，直径越大，卷筒线速度越快，拉拔道次越靠后。可见，在很小的空间可实现多道次拉拔。

C　水箱拉丝机的特点

（1）优点：

1）结构简单、紧凑，占地面积小，特别在

图 6-9　水箱拉丝机箱体部分

拉拔道次多的情况下，更显优越。

2）钢丝从一个塔轮绕到另一个塔轮是在一个平面内，避免了钢丝的扭转现象。

3）因拉拔过程是在润滑液中进行的，因而冷却条件好。

4）操作维修方便。

5）拉拔速度较快。

（2）缺点：

1）为了克服钢丝滑动所产生的摩擦力，要消耗很大的功率，往往达到拉丝机总功率的 30%~40%，因而拉拔高强度钢丝和粗钢丝时对塔轮磨损严重。

2）由于钢丝的滑动，对塔轮表面磨损很大。

3）卷筒在冷却液中转动，增加了功率损失。

（3）适用场合。用于细丝生产，可拉拔各种细的金属丝。

D 滑动式拉丝机正常工作条件

对于滑动式拉丝机，钢丝在成品卷筒上无滑动，故在成品卷筒上钢丝走线速度与卷筒线速度一致。即

$$U_k = V_k$$

因为

$$F_i U_i = F_k U_k$$

所以

$$U_i = \frac{F_k U_k}{F_i} = \frac{F_k V_k}{F_i} = \left(\frac{d_k}{d_i} \right)^2 \cdot V_k$$

由此看出，在滑动拉拔时，任意中间卷筒上的钢丝走线速度，取决于成品卷筒的线速度和成品卷筒钢丝横断面积，与该中间卷筒的速度无关。因此，在同一卷筒上的钢丝走线速度 U_i 和卷筒的线速度 V_i 是不同的，卷筒的线速度与该卷筒上钢丝的走线速度之比，称为滑动系数，用 τ_i 表示。$\tau_i = V_i / U_i$。

滑动拉拔的必要条件是，除成品卷筒外，所有卷筒的线速度一般超过钢丝速度，$V_i > U_i$，这样钢丝在卷筒表面往后滑退，这种现象叫打滑。一般滑动系数为：$\tau_i = 1.03 \sim 1.05$。

现在讨论在任一卷筒上钢丝产生黏结时，如何保证 $V_i > U_i$。

假定在第 i 号卷筒上的钢丝与卷筒发生黏结，$V_i = U_i$，则必然会引起第 $i-1$ 号卷筒上的钢丝走线速度增加，为了保证不断线，必须 $U_{i-1} < V_{i-1}$。

即

$$U_{i-1} = \frac{F_i \cdot V_i}{F_{i-1}} < V_{i-1}$$

变换后，得

$$\frac{F_{i-1}}{F_i} > \frac{V_i}{V_{i-1}}$$

所以

$$\mu_i > \varepsilon_i$$

这说明，任一道次的延伸系数应大于其机器系数。这就是有滑动连续拉拔配模的充分必要条件。

6.1.4 钢丝生产辅助设备

6.1.4.1 放线收线设备

A 放线架

（1）一字旋转式放线架，如图 6-10 所示。一字旋转式放线架，避免了钢丝在放线过程产生的扭转。

图 6-10　一字旋转式放线架

（2）水平式放线架，如图 6-11 所示。这是固定的双臂放线架，设有乱线开关，出现放线问题，拉丝机自动停车。

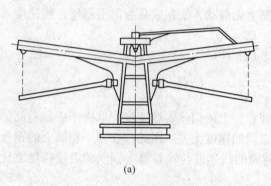

(a)

(b)

图 6-11　水平式放线架

（3）工字轮放线装置。钢丝是紧密缠在工字轮上。由于钢丝的放线速度是一定的，随着工字轮上钢丝数量的减少，放线工字轮的转速应逐渐加快。这就要求装置中要有速度调整机构，如摩擦打滑装置，如图 6-12 所示。

　B　收线设备

收线设备大致有起线架、连续卸线机、工字轮收线机三种。

（1）起线架。这种结构最简单，也是用得最多的收线设备。如图 6-13 是典型的四吊杆起线架。使用起线架之前，必须调整吊线爪的张开程度，以适应成品卷筒尺寸的需要。

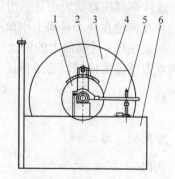

图 6-12　工字轮放线装置
1—摩擦轮；2—摩擦装置；3—工字轮；
4—压杆；5—压杆调节装置；
6—放线机架

拉丝机开机之前，将起线架吊入成品卷筒，将其四个吊线爪插入卷筒周围的凹槽中，使它随卷筒运转。

从拉丝机卷筒卸线时，向下扳动手柄，四爪的下端因连杆的动作而张开，托住线盘。在吊车作用下，将线从卷筒上方吊出。操纵吊车，将线盘吊至捆线架处。将手柄抬起，使钢丝线盘脱出，放在捆线架上。

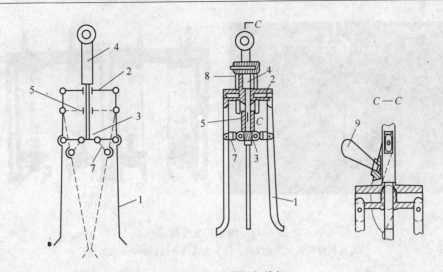

图 6-13 四吊杆起线架

1—吊线爪；2，3—十字轴；4—中心轴；5—套筒；6—铰链套；7—连杆；8—挂钩；9—手柄

起线架的优点是，结构简单、成本低。缺点是，收线量有限，卸线时需人工操作，且拉丝机必须停车，不能连续生产。

（2）连续卸线机。连续卸线机主要用于中等规格以上拉丝机的收线。这些设备卸线频率高，劳动强度大，实现连续卸线可大大提高生产率，满足拉丝机大盘重、高速度的发展要求。

1）卧式收线机（也称为象鼻式收线机）。如图 6-14 所示。特点是：卷筒是静止的，靠转盘的旋转将钢丝缠到卷筒上，再挤落到集线架上。由于钢丝到卷筒上以后就不再运动了，收线不必随卷筒一起旋转，可以不停车卸卷，实现生产的连续化，给操作也带来极大的方便。它能兼拉拔成品道次带收线。

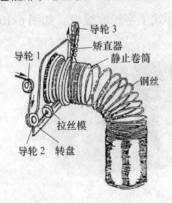

图 6-14 象鼻式收线机

在收线过程中，钢丝会被轴向扭转。卷筒每收一圈，钢丝就被扭转 360°。拉丝模和矫直器放在钢丝产生扭转之后，也是为了利于钢丝的平直及消除扭转应力。

2）倒立式收线机。实际上是介绍过的倒立式拉丝机，经过改装与连续式拉丝机配合使用，既作为成品道次的拉拔，又进行大容量的收线。这种形式的收线，钢丝没有轴向扭转，尤其适合高强度钢丝的卸线，如图 6-15 所示。

(a)　　　　　　　　　　　　　　　　(b)

图 6-15　倒立式收线机

（a）压线轮式倒立式收线机；（b）连续作业线的倒立式收线机

3）工字轮收线机。工字轮收线机是将钢丝直接从成品卷筒缠绕到工字轮上，一方面可提高拉丝机的作业率，另一方面可方便下一道工序（捻股、捻绳）操作。

工字轮收线机多用于小规格或成品钢丝的收线。主要由排线机构、收线机构组成。

排线机构的作用是，使钢丝在缠绕过程中反复沿工字轮的宽度均匀横向移动，有层次的、均匀的排在工字轮上。排线机构的类型有：丝杠排线（单向、双向）、光杆排线、液压排线等。

收线机构的作用是，驱动工字轮旋转，将钢丝紧密地缠绕在工字轮上。对收线机构的要求是：保证钢丝有一定张力、钢丝缠绕速度与拉丝机成品卷筒的线速度保持一致。由于工字轮的直径在缠绕过程中是变化的，因此，工字轮的转速必须随其直径的增加而降低，这样才能保持钢丝线速度一定。

工字轮收线机分为：穿轴式工字轮收线机和顶针式工字轮收线机，如图 6-16 所示。

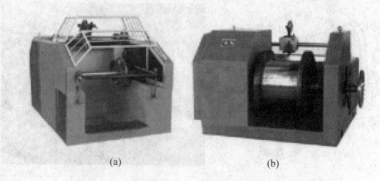

(a)　　　　　　　　　　　　　(b)

图 6-16　工字轮收线机

（a）穿轴式工字轮收线机；（b）顶针式工字轮收线机

6.1.4.2　轧尖机

轧尖机是金属拉丝机及冷拔生产设备的机械设备，原材料端部需经轧尖机轧小后穿过拉拔模孔，方可进行拉拔加工材料。轧尖机供金属线材轧尖、穿模拔头之用。

按工作原理可分为如下两种：回转式轧尖机、往复式轧尖机。

A 回转式轧尖机（也称为周期转动偏心轧尖机）

回转式轧尖机如图 6-17 所示，它由电动机 1、机座 2（包括传动装置）及轧辊部分 3 等组成。

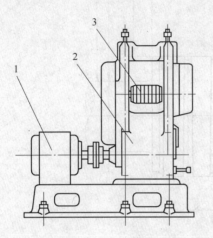

图 6-17 回转式轧尖机

1—电动机；2—机座；3—轧辊

轧辊是对线材或钢丝进行轧尖的主要部件，它由辊身（轧辊工作部分）、辊颈和轴头三部分组成。辊颈安装在滑动轴承中，并把轧制力传给机座。根据工艺要求，在辊身上加工出轧尖的孔型，如图 6-18 所示，上下轧辊孔型的分度误差以及对轧辊的形状位置误差都应提出较高的要求，才能保证轧尖的质量。

一对轧辊的轧槽，从大到小沿着辊身均匀分布。轧尖是对钢丝进行冷轧的过程，利用轧辊加工出的偏心孔型，在回转过程中对钢丝头部进行轧制。

图 6-19 所示是轧尖机的轧尖过程，当轧辊转到偏心相背一侧时，穿入待轧钢丝，如图 6-19（a）所示。轧辊约转动 1/4 圈，钢丝开始进行冷轧，持续约 125°，将钢丝轧制变细，如图 6-19（b）所示。每道轧制需调换方向进行两次或数次，方可得到较圆整的轧尖钢丝。如此按孔型要求进行，即能达到穿模要求的程度。

操作时，按照孔型的顺序，由大到小逐步地轧尖，直到钢丝能穿过成品卷筒的模孔为止。

轧辊孔型有 2mm 的偏心，形成深浅不一的椭圆孔，并且分成三个区段，如图 6-20 所示。

（a）穿通段 T：钢丝轧尖进入或退出的部分，孔型这部分尺寸大于钢丝的直径。

（b）过渡段 G：钢丝将进入轧尖或退出轧尖的区段，其尺寸逐渐过渡到与钢丝直径一致。

（c）工作段 Z：钢丝在 120° 左右的范围内轧制，压缩变形、变尖。

一般要求在周向穿通段和过渡段的弧长和与工作段的比例为 2∶1，即每辗压一次，在 120° 范围内将钢丝轧细，送入段孔型最大深度为工作段孔型最小深度的 2 倍左右。

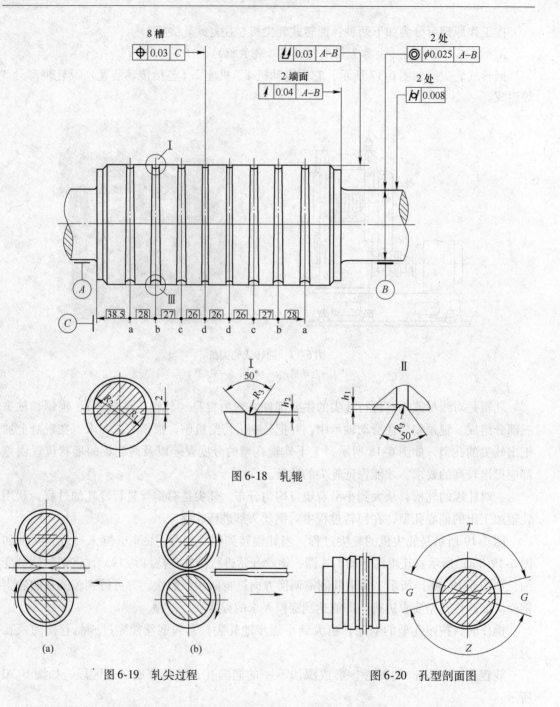

图 6-18　轧辊

图 6-19　轧尖过程　　　　　　　　图 6-20　孔型剖面图

回转式轧尖机设备结构紧凑，传动平稳可靠，体积小，使用安全、方便，噪声小，生产效率高，便于维修，且省力、速度快、轧尖长，可在一台设备上轧制多种规格。

B　往复式轧尖机

往复式轧尖机，也是通过两个轧辊将钢丝轧尖，轧辊并不像回转式轧尖机那样连续转动，而是往复转动一个角度，大约 50°左右。由电机驱动，偏心轮带动连杆回转，如图 6-21 所示。其传动形式，如图 6-22 所示。

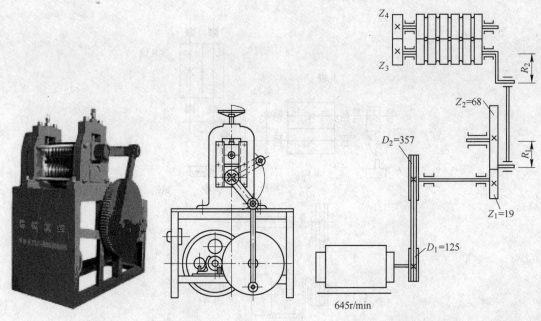

图 6-21　往复式轧尖机　　　图 6-22　往复式轧尖机传动系统图

　　传动由电动机，经三角皮带轮 D_1 和 D_2，再经齿轮 Z_1、Z_2 减速，齿轮 Z_2 又相当于一个曲柄，在其上装有连杆，其偏心距 R_1。连杆另一端与轧辊轴上的曲柄相连，曲柄长 R_2，工作时，将主动曲柄的旋转运动，转化成从动曲柄的摆动，此种机构也叫四连杆机构。

　　C　立卧式（双向）轧尖机

　　用于钢丝直径较粗，钢丝旋转轧尖较困难，不易轧尖的情况。采用两组相互垂直的轧辊进行轧制，结构紧凑，方便操作，减轻劳动强度，如图 6-23 所示。

　　图 6-24 为立卧式（双向）轧尖机的传动示意图，电机通过皮带，将力矩传给蜗杆，蜗杆将运动分别传给两个蜗轮，再各经一对齿轮，分别带动一组平行的轧辊转动。水平的一对轧辊的端头处装有剪切装置，带动刀刃上下移动，完成剪切动作。

图 6-23　ZLG-40 型立卧式（双向）轧尖机直观图

　　D　轧尖穿模两用机

　　如图 6-25 所示，轧头穿模两用机，是将金属线材或棒材的端部轧尖，穿入模孔后拉拔一定长度的机器。如无拉拔装置则称为轧头机。

　　在大拉、中拉时可用这种机器辅助一下。作为 LZ 直进式、LT 水箱式、LW 滑轮式拉丝机系列必配辅机，适用于线材拉拔前的轧尖、穿模。机台特点：普通电机拖动、轧辊采用特殊材料、精确辊轧。

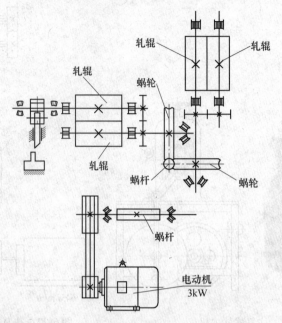

图 6-24　立卧式（双向）轧尖机的传动示意图

图 6-25　轧尖穿模两用机

6.1.4.3　对焊机

为了实现连续和高速生产，钢丝拉拔过程中，必须通过焊接将线材的端部连接起来，或由于断丝及工艺要求，随时需要对钢丝进行对接。因此，对焊机是钢丝生产的重要辅助设备。

对焊机的种类很多，一般可按以下特征分类：

（1）按工艺方法（加热焊件的方法）分为电阻对焊和闪光对焊。而后者又可分为连续闪光对焊和预热闪光对焊。

（2）按用途分为通用对焊机和预热闪光对焊机。

（3）按送进机构分为弹簧式、杠杆式、电动凸轮式、气压送进液压阻尼式和液压式。

（4）按夹紧机构可分为偏心式、杠杆式、螺旋式。而杠杆和螺旋式又可分为手动和机械传动式，后者有气压传动、液压传动和电机传动。

（5）按自动化程度可分为手动、自动或半自动对焊机。

（6）按电流种类分：有工频交流（单相）对焊机、电容式对焊机、低频（三相）对焊机和直流对焊机等。

电阻焊机：利用电流通过工件及焊接接触面间的电阻产生热量，同时对焊接处加压进行焊接的焊机。是将被焊工件压紧于两电极之间，并施以电流，利用电流流经工件接触面及邻近区域产生的电阻热效应将其加热到熔化或塑性状态，使之形成金属结合的一种方法。

电阻焊的方法：点焊、缝焊、凸焊、对焊。

电阻焊的优点：加热时间短、热量集中，热影响区小，变形与应力也小。不需要焊丝、焊条等填充金属，焊接成本低。操作简单，易于实现机械化和自动化。

钢丝焊接接头的要求：焊接接头的机械性能与母材相近，以达到钢丝通条性能均匀；焊接区的性能良好，拉拔过程不发生脆断，能承受一定的弯曲和扭转。

A　对焊机的结构组成

对焊机由机架、固定电极、活动电极、变压器等部分组成，如图6-26所示。

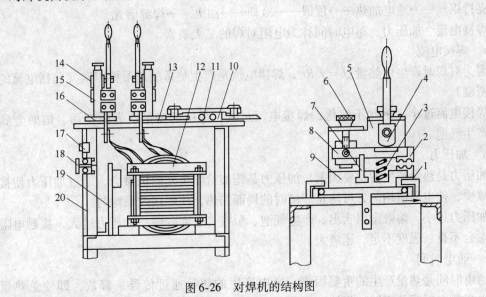

图6-26　对焊机的结构图

1—钢珠；2—钳口；3—压簧；4—压紧凸轮；5—牌坊；6—调节旋钮；7—挡铁；8—上压杆；9—下压杆；
10—手柄；11—连杆；12—变压器；13—活动托板；14—方轴承；15—固定牌坊；16—绝缘垫板；
17—按钮；18—调压开关；19—馈垫板；20—机架

a　机架与机壳

机架由钢管焊接，结构轻便，下部装有滚轮，方便移动。变压器及其他电器均装机壳内。机壳上部装有固定电极、活动电极、焊接用钳口及顶锻用加压与通电机构。

b　电极及顶锻装置

图6-27为焊接原理图。固定电极1与活动电极2上均装有夹紧钢丝。固定电极钳口安

装在机架 3 上，与焊接机变压器 4 的次级线圈的一端相接，活动钳口与变压器 4 的次级线圈的另一端相接。

钢丝断面在压力 P_w 作用下接触在一起，在焊接变压器的一次绕组上施加电压，使二次回路产生电流，利用钢丝本身所具有的电阻产生的热量加热接触面，使接触面达到塑性状态；断电，施加顶锻压力 P_d，在顶锻压力的作用下，接触的断面产生塑性变形，从而形成牢固的接头。

c 焊接变压器

焊接变压器是将电网（380V 或 220V）变为钢丝焊接需要的二次电压（1.5 ~ 14V）。它具有低电压、大电流、大功率、可调节的特点。

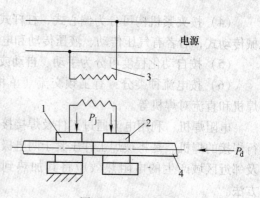

图 6-27 电极钳口

P_j—夹紧力；P_d—顶锻力；

1—固定电极钳口；2—活动电极钳口；

3—机架；4—变压器

B 对焊的工艺过程

焊接的工艺过程如下：

夹持钢丝——通电加热——顶锻——冷却——回火——焊缝磨光

焊接电流、加压力、通电时间称为电阻对焊的三大要素。

a 焊接电流

因为对焊时产生的热量 $Q = I^2 Rt$，焊接电流是产生热量的最重要因素（包括电流的大小和密度）。

焊接电流过小，钢丝不熔化；焊接电流过大，焊接部变形、表面变污、熔融金属喷溅、产生气泡。

b 加压力

加压力是热量产生的重要因素。加压力是施加给焊接处的机械力，通过加压力使接触电阻减少，使电阻值均匀，可防止焊接时的局部加热，使焊接效果均匀。

加压力过小，熔融金属吹出、产生气泡、裂痕、强度变弱；加压力过大，接触电阻减少、融合不良、强度不足、压痕大。

c 通电时间

通电时间是热量产生的重要因素。通电产生的热量通过传导来释放，即使总热量一定，由于通电时间的不同，焊接处的最高温度就不同，焊接结果也不一样。

通电时间过长，热损失大，材质变化；通电时间短，焊接不充分。

C 对焊操作

a 钢丝夹持

（1）夹持钢丝前应将其校直，两端焊口要切除见新，又不能沾上油污。

（2）钢丝件出钳口不宜过长或过短。过短则电阻小，熔化慢；过长则熔化太快，且不宜对准中心，冲压时钢丝可能受压变形。一般伸出长度为钢丝直径的 1.2 ~ 1.5 倍，低碳钢丝可略长。

（3）钢丝左右端伸出长度要相等，否则电阻就会不同，温度也随之不同，焊接不牢。

b 钢丝加热

(1) 根据电流的密度，焊接时，粗钢丝的电压应偏高，细钢丝的电压应偏低；低碳钢丝的电压应偏低，高碳钢丝的电压应偏高。

(2) 加热时，应掌握温度的火色，注意火花的爆发。有少量火花爆发，应立即进行冲压；火花爆发较多，表示钢材的成分组织有所改变。

c 冲压

当钢丝加热到樱桃红色时，即开始进行缓慢冲压，待火色发白（达到焊接温度），立即切断电流，用较快的速度和压力冲压。

冲压时注意压力的大小要适当。过大会使焊缝产生裂纹，过小会使接合面产生气泡。凭经验决定。冲压效果可以从焊缝判断，若焊缝过薄，结合牢度又差，可能是由于温度高，冲压力过大引起的。若焊缝过厚，结合牢度差，可能是由于温度低，冲压速度过慢而引起的。焊缝厚薄与含碳量有关，低碳钢焊缝偏厚，高碳钢焊缝偏薄（高碳钢丝良好的焊缝呈片状焊花，花较大且均匀地围绕在整个圆周上，分成 3~4 片花瓣，每片花瓣的根部相连成完整的环状）。

d 空气冷却

钢丝焊接后在空气中自然冷却，这对低碳钢丝的组织和性能影响较小，而对中、高碳钢丝的影响甚大。在空冷过程中，加热区会产生较大的内应力和局部淬火现象，因此钢丝焊接后要进行回火处理。

e 回火

回火的目的是消除内应力，改变淬火组织，恢复塑性。根据生产实践，低碳钢丝一般不需回火，高碳钢丝的回火是将焊接钢丝从钳口处松开，拉出一段（即增加伸出长度）再夹紧。调节好电压，再快速点动十余次进行回火，火色为极微的暗红色，温度约 600℃ 左右。使其在焊缝两侧蔓延 40~50mm 长度，方算合格。

f 焊缝磨光

磨光一般在砂轮机上进行。有人焊接后先磨光焊缝再回火，这样做不好，因为未经回火的钢丝一般都有脆性，磨光过程中受弯曲，会引起出现裂纹，故应该先回火后磨光。磨光后的焊缝应平整，不得凸起。

g 焊接质量检查

操作完毕，可采用弯曲法检查焊接质量。即，将焊接头微微弯曲，再回复原状后不断、不裂，表示焊接合格。

D 焊接缺陷及原因分析

常见的焊接缺陷有：焊口不牢、焊口附近钢丝韧性值下降、与钳口接触处钢丝表面烧坏、接缝不正等。

a 组织疏松

组织疏松主要是由于加热电流过大、焊接时间过长；冲压力不足；加热温度过高引起熔化；钢丝两端温度不均；焊接端面有脏物或氧化层等引起的。

b 未熔化或熔化不足

由于电流太小，通电时间过短；电流切断后停留较长时间才冲压；冲压力过大；焊接速度过快；钢丝表面由于有氧化物使导电不良及焊端有污物造成的。

　　c　纵向裂纹

　　由于焊接加热后受到急冷，而生成局部马氏体，引起较大的内应力；加热温度过高且冲压力又过大；大的焊接电流突然下降及端部有夹杂物。

　　d　接缝不正

　　由于钢丝伸出钳口部分过长而造成顶锻弯曲；焊接前钢丝没对正；焊机夹持部分松动而引起接缝不正。

　　e　脆性拉断

　　由于回火温度偏低，内应力没有完全消除；回火前的组织还存在着马氏体组织；回火前已有裂纹出现；焊接后磨光不佳，磨痕过深。

　　f　钢丝表面烧坏

　　由于焊机的夹具松动或夹持无力；夹具及槽与线径不相称；钢丝与电极间接触面不清洁等原因，使钢丝表面烧坏。

6.1.4.4　包装机

　　成品钢丝出厂前的包装，多采用自动包装机。包装机分为：立式、卧式，如图 6-28 所示。

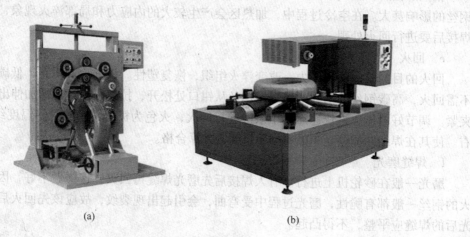

　　　　　　(a)　　　　　　　　　　　　　　　　　　(b)

图 6-28　钢丝包装机
（a）立式钢丝包装机；（b）卧室钢丝包装机

　　钢丝缠绕包装机主要是为冶金行业设计制造的缠绕包装装备，广泛应用于钢丝、焊丝、线缆、轮胎、胶管及其他各类环形物体的缠绕包装。经过缠绕包装，不仅产品外观美观大方，并且具有良好的防潮、防尘、防锈、防老化、防意外损伤等作用。

6.2　应知训练

6.2.1　单选题

（1）有两台拉丝机，卷筒的直径相同，但转速不同，转速越高的拉丝机，其线速度（　　）。

　　A. 越高　　　　　　　B. 越低　　　　　　C. 可能高也可能低

(2) 直线式拉丝机的最大特点是钢丝在拉拔过程中受力（　　）。

    A. 较小   B. 均匀   C. 较大

(3) 属于滑动式连续拉丝机的是（　　）。

    A. 水箱式拉丝机   B. 直进式拉丝机   C. 积线式拉丝机

(4) 具有反拉力拉拔的拉丝机其所需的拉拔力比普通拉拔时高，所增加的拉拔力（　　）反拉力。

    A. 等于   B. 大于   C. 小于

(5) 钢丝的含碳量越高，其焊接性能（　　）。

    A. 越好   B. 不变   C. 越差

(6) 拉丝机如果采取工字轮收线，要求收线平整、有序、略满和（　　）。

    A. 卷紧   B. 卷平   C. 卷满

(7) 连续式拉丝机相邻两卷筒圆周线速度之比称为（　　）。

    A. 伸长率   B. 压缩率   C. 速比   D. 滑动率

(8) 延伸系数 μ 与压缩率 Q 的关系是（　　）。

    A. $\mu = \dfrac{1}{1-Q}$ B. $\mu = Q$ C. $\mu = \dfrac{Q}{1-Q}$ D. $\mu = 1-Q$

(9) 中、高碳钢丝完成对焊后需进行回火，其目的是（　　）。

    A. 去除氧化皮   B. 获得利于拉拔的组织

    C. 获得较高的强度

(10) 一般说，焊缝过薄，结合牢度差，这是由于（　　）造成的。

    A. 温度高、冲压速度过大   B. 温度低、冲压速度慢

    C. 温度高、冲压速度慢

6.2.2 判断题

(1) 滑轮式的拉丝机某一卷筒积线量过多时，表明本道次拉丝模孔增大。（　　）

(2) 直进式拉丝机拉拔过程道次之间具有反拉力，有利于提高钢丝质量。（　　）

(3) 无滑动拉丝机的设计核心是使卷筒自身具有积线量的自动调节能力。（　　）

(4) 拉丝机如果采取工字轮收线，要求收线平整、有序、略满和卷紧。（　　）

(5) 在进行电阻对焊时，根据线径大小来调节焊接时间和电流。（　　）

(6) 滑动式拉丝机的线材拉拔速度大于塔轮圆周线速度。（　　）

(7) $V_i < U_i$ 是实现滑动拉拔过程的基本条件。（　　）

(8) 无滑动式拉丝机分为积线式和直线式两种。（　　）

(9) 滑动式拉丝机拉线时，线材在塔轮上绕的圈数越多，则拉伸力越小。（　　）

(10) 总的延伸系数等于各道次延伸系数之和。（　　）

6.3　技能训练

6.3.1　实训任务　钢丝的轧尖操作

【实训目的】

    (1) 能进行轧尖的基本操作，将坯料头轧细，使坯料不加牵引力能进入拉丝模。

（2）轧尖操作灵活、迅速，保证钢丝表面圆滑。

【操作步骤】

（1）开机前检查设备有无异常。

（2）开机时，首先合上总电源及控制电源开关。

（3）根据线坯尺寸选择合适的孔型轧制，根据从大到小的原则，逐渐轧制到要求直径。

不应跳槽，以免轧扁，甚至损坏轧辊。压光部分应该圆正，不准有飞边裂纹，否则容易黏附拉丝模，造成刮伤（多见于低碳钢丝）。压头长度应保证能透出模盒一定长度。

（4）禁止在轧尖机后面操作。

（5）使用完毕后，应及时切断电源。

（6）做好设备的日常维护与保养。

【训练结果评价】

（1）学生自评，总结个人实训收获及不足。

（2）小组内部互评，根据学生实训情况打分。

（3）教师根据训练结果对学生进行口头提问，给学生打分。

（4）教师根据以上评价打出综合分数，列入学生的过程考核成绩。

6.3.2　实训任务　钢丝的对焊操作

【实训目的】

（1）掌握钢丝焊接的基本方法。

（2）能识别焊接质量的好坏。

【操作步骤】

（1）操作前，应检查对焊机的手柄、压力机构、夹具是否灵活可靠。

（2）焊接前，应根据所焊钢丝截面，调整二次电压。

（3）焊接后必须随时清除夹钳以及周围的焊渣溅沫，以保持焊机的清洁。

（4）操作人员必须戴防护眼镜、手套及安全帽等，以免弧光刺激眼睛和熔化金属灼伤皮肤。

【训练结果评价】

（1）学生自评，总结个人实训收获及不足。

（2）小组内部互评，根据学生实训情况打分。

（3）教师根据训练结果对学生进行口头提问，给学生打分。

（4）教师根据以上评价打出综合分数，列入学生的过程考核成绩。

模块 7 钢丝生产中的环境保护

【知识要点】

(1) 钢丝生产过程中废酸液的处理和回收。
(2) 酸气、铅气和铅尘的处理。
(3) 磷化渣、氧化铁皮和铅渣的处理。

【技能目标】

(1) 树立安全生产、清洁生产意识，发展循环经济。
(2) 掌握必要的粉尘、废水、废气、废渣、噪声防护能力和技术。

7.1 知识准备

　　钢丝生产从原料进厂到产品出厂的整个生产过程中，所形成的粉尘、废水、废气、废渣、噪声等，如盘条机械剥壳产生的铁锈粉尘；热处理铅槽产生的铅蒸汽、铅渣；酸洗产生的酸雾及含酸废水；拉丝时产生的粉尘；镀锌产生锌烟、油烟及废水等。若处理不当，将会严重影响和污染环境，危害工人的身心健康。多年来有关企业、研究所和设计部门千方百计地从厂房设计、加工工艺、设备制造等多方面寻求解决污染的办法，以最大限度地降低这些污染。国家还颁布了《中华人民共和国清洁生产促进法》、《中华人民共和国环境保护法》、《中华人民共和国水污染防治法》、《中华人民共和国海洋环境保护法》等法律法规，要求企业逐渐推行和实施 ISO 14000 系列标准，使人们大大增强了环保意识，同时随着新工艺、新材料、新技术、新设备的不断应用，环保工作收到了显著的效果。

7.1.1　钢丝生产过程中的废酸液的回收处理

　　工业"废水"按有害物质最高允许排放浓度，可分为两类。即：

　　第一类，能在环境或动植物内蓄积，对人体健康产生长远影响的有害物质。这类废水在生产车间或设备排放口排出，应符合 GB 13456—2012《钢铁工业水污染物排放标准》规定。

　　第二类，其长远影响远小于第一类的有害物质。GB 13456—2012《钢铁工业水污染物排放标准》按照不同年限分别规定了钢铁工业废水最低允许循环利用率，吨产品最高允许排放量，水污染物最高排放浓度。

　　线材制品行业生产用水量大。以某钢丝生产企业为例，平均生产 1t 钢丝所消耗的自来水约 4t，若按每月生产 5000t 钢丝计算，每月消耗水约 2 万吨，每月生产用污水量相当于不发达国家 30 年的人均用水总量。线材加工企业通常采用盐酸或硫酸进行酸洗以去除氧化铁皮或金属残余物质，这些水体中，主要含有锌、铁、铅、铜等重金属离子，水体呈酸性。酸性废水经过一系列处理，达到回收再利用。

7.1.1.1　硫酸废液的处理和回收

用硫酸酸洗钢丝的废液中，主要回收 $FeSO_4$ 和含有少量酸的废酸。通常采用自然冷却结晶法、真空蒸发冷却结晶法、蒸喷结晶法和离子交换膜电解处理法等。在此只简单介绍前两种方法。

A　自然冷却结晶法

这是一种从废硫酸中提取 $FeSO_4$ 的最简便而省投资的方法。其过程是先将废酸用耐酸泵抽到沉淀池沉淀 2～3h，去掉杂质和未溶的氧化铁皮，再将净液抽到结晶池，靠空气冷却，自然结晶出硫酸亚铁。

此方法的不足之处在于：不能完全提取出 $FeSO_4$；母液也不能回收进行再利用；受气候影响大，冬季结晶速度快。

为了使提取 $FeSO_4$ 的母液回收再用于酸洗，很多企业采取往原废酸液中添加新硫酸，使 $FeSO_4$ 浓度增至 20% 左右，在低温（10℃）提取 $FeSO_4$ 后，母液中 $FeSO_4$ 含量可降低到6.6% 左右的方法，获得所谓的"再生酸"再用于酸洗。

另外可往废酸中加铁屑或氧化铁皮，使 H_2SO_4 完全转化为 $FeSO_4$，用蒸气加热至 60～100℃，浓缩 4～6h，比重 38～40 波美度，进行结晶得 $FeSO_4$ 的方法也得到广泛应用。

B　真空蒸发冷却结晶法

该方法可同时回收 H_2SO_4 和 $FeSO_4$。其过程是先把废酸抽到密闭的蒸发浓缩缸中，抽真空，真空度达 600mmHg，同时缸内用蒸气经蛇形管间接加热，这样废酸在 40～50℃下沸腾蒸发，废酸含 H_2SO_4 浓度由原来的 10% 可提高到 20%～35%，然后把浓缩的废酸放入结晶器中，通过冷冻盐水（冷却管内），使其温度降到 3～7℃，且不断搅拌使 $FeSO_4$ 结晶出来，再经真空抽滤器可同时获得 H_2SO_4 和 $FeSO_4$。其工艺流程图如图 7-1 所示。

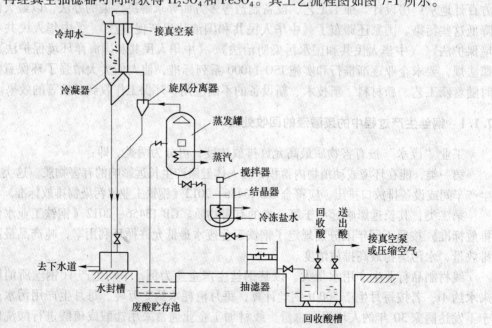

图 7-1　真空蒸发、冷冻法流程图

7.1.1.2　盐酸废液的处理和回收

用氯气氧化法制取三氯化铁。

用氯气氧化法制取三氯化铁 $FeCl_3$ 的工艺流程及步骤如下：

（1）往盐酸废酸内加铁屑生成 $FeCl_2$。

$$2HCl + Fe === FeCl_2 + H_2 \uparrow$$

（2）在反应塔制 $FeCl_3$。$FeCl_2$ 溶液从塔顶淋下，氯气从塔底进入，通过填充瓷环接触反应：

$$2FeCl_2 + Cl_2 === 2FeCl_3$$
$$2H_2O + 2Cl_2 === 4HCl + O_2 \uparrow$$

以 1%的铁氰化钾滴入取来的试样液内，若不呈蓝色，说明反应完全。

（3）在蒸发缸内浓缩 $FeCl_3$ 溶液。

7.1.1.3　含酸废水的处理

实际生产中除废酸液按上述方法进行处理外，酸性废水最常用的方法是利用酸碱中和法，即用氢氧化钙与废酸液进行中和处理。经过酸碱中和沉淀，将下层的重金属离子以氢氧化物固体形式沉淀，然后进行填埋。近年来，随着水处理方法和设备的多样化，重金属酸性废水的处理方法多样化。例如：化学（电化学）还原法，高分子重金属捕集剂法，吸附、萃取、离子交换法，生物絮凝法，生物吸附法，植物整治、富集法等。

随着分离技术的不断发展，膜分离技术在重金属离子废水处理中发挥出越来越重要的作用。膜分离技术的特征：利用一系列具有选择透过性的薄膜，在一定的外力推动作用下使溶液中的溶质和溶剂分离，达到提纯、浓缩、净化的目的处理重金属酸性废水时，如利用离子交换膜技术，阳离子膜只允许阳离子通过，阴离子膜只允许阴离子通过，在电流作用下，重金属酸性废水得到浓缩和淡化，淡化后的废水可以达到工业用再生水回用标准，循环回用，浓缩后的废水经电化学技术，将富含大量重金属离子的溶液进行电还原，使金属离子富集在电极上还原析出金属层。如江苏某生产企业膜分离加电解回收的水处理工艺设备投资仅需 25 万元，年回用中水可节省 12 万元，年回收副产物收入 10.08 万元，年处理成本可忽略不计，和传统中和沉淀法设备投资 600 万元，年处理成本达 30 万元相比，具有可观的经济效益和社会效益。

7.1.2　钢丝生产过程中的废气的排放与回收

根据中华人民共和国国家标准 GB 16297—1996《大气污染物综合排放标准》规定，允许排放 HCl 的量应小于 $100mg/m^3$，硫酸雾允许排放量应小于 $45mg/m^3$，铅及其他化合物允许排放量应小于 $0.7mg/m^3$。

7.1.2.1　酸气的排放

A　双侧吸式

酸槽左右两侧各有一组抽风装置，如图 7-2 所示。该装置适用于抽风宽度为 1.5~2m，长不超过 2m 的酸槽。

B　正侧双吸式

酸槽的正面和侧面各配置一台抽风机，如图 7-3 所示。

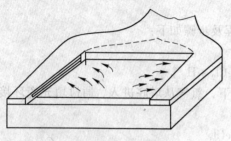

图 7-2　双侧吸风

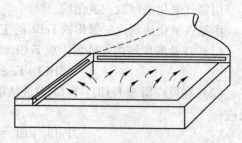

图 7-3　正侧双吸

C　双侧下吸式

在地面下铺设排气管道，并安装多台抽风机，如图 7-4 所示，适用连续作业线上 8m 长的酸槽。

7.1.2.2　酸气的回收

A　净化回收装置

常用的净化回收装置有网格式和喷淋式两种。网格式净化回收装置是容器内带有多层用塑料纺织的网格的净化回收装置。酸雾通过时，经反复撞击，酸雾结成液滴而落下，从而将酸气给予回收。

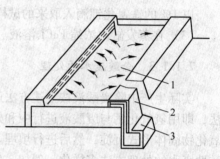

图 7-4　双侧下吸式
1—酸洗槽；2—组合吸风口；
3—组合排气管

喷淋式净化回收装置既可回收废酸，又可作为中和酸雾之用。其结构是高 5m 左右的塑料圆筒，直径 2 ~ 4m，筒内中部筛板装有许多填料，以起到增大接触面积的作用。当酸雾进入塔内缓缓上升，受到循环水喷淋，从而将酸气给予回收。若用碱水喷淋，则酸雾即被碱水中和溶解。

B　酸气中和装置

酸气中和装置是把酸雾引入碱水池中，用石灰水将酸气中和。碱水池面积一般为 16 ~ 40m²，石灰水的高度略高于半池深度即可。当石灰水碱度下降（可用 pH 试验检测），应及时给予更换新石灰水。

7.1.2.3　铅气和铅尘的排放

铅淬火产生的 0.1 ~ 1.0mm 超微粒尘，当大气中铅浓度超过 0.5mg/m³，就会给人类带来危害。据环保监测部门长期监测统计，一般铅锅上平均含铅量为 1.45mg/m³，车间内操作区平均达 0.126mg/m³，有的严重污染单位，经测量车间内最高含铅量达 1.2mg/m³，车间内平均含铅量达 0.597mg/m³，严重超过国家卫生标准。

因此，如何排除铅尘、铅气对车间环境的污染势在必行。各厂家采取了很多有效措施解决这一问题，取得了非常明显的效果。如在铅锅上部设计、安装铅尘、铅气综合防止排除装置；在铅液面上压盖密封板；安装各种类型的除尘器等。应当指出的是，有的厂家为了收到更好的除尘除气效果，同时采用了多种除尘除气装置。

7.1.3 钢丝生产过程中的废渣的回收处理

钢丝生产过程中产生的废渣主要有：热处理过程中产生的铅渣（PbO 和部分铅块）；酸洗过程中形成的白色沉淀——磷化渣；氧化铁皮；热镀锌过程中产生的锌渣等。

7.1.3.1 用磷化渣制取磷酸三钠

钢丝在磷化过程中所消耗的磷酸，约有 50% 生成白色沉淀——磷化渣沉于槽底。若不及时将其清除直接影响钢丝磷化质量（有的厂家规定间隙式磷化每周捞渣一次，连续式磷化每半月捞渣一次）。磷化渣的成分主要有：Fe^{3+} 占 27.5%；Fe^{2+} 占 2.35%；PO_4^{3-} 占 51.8%。过去这些渣子常被丢弃或被随水冲掉，有时也以废物廉价卖掉，后经研究用磷化渣制取磷酸三钠，取得了很好的效果。磷酸三钠作金属制品的附产品，可供高压锅炉房及蒸汽机车锅炉净化水质，取得了良好的社会效益和经济效益。

A 制取磷酸三钠的原理

用烧碱与磷化渣反应生成磷酸三钠和氢氧化铁，其反应方程式为：

$$FePO_4 + 3NaOH + 12H_2O \rule[0.5ex]{2em}{0.4pt} Na_3PO_4 \cdot 12H_2O + Fe(OH)_3 \downarrow$$

$$Zn_3(PO_4)_2 + 6NaOH + 24H_2O \rule[0.5ex]{2em}{0.4pt} 2Na_3PO_4 \cdot 12H_2O + 3Zn(OH)_2 \downarrow$$

上述反应工艺参数为：NaOH 水溶液浓度 22%~30%；NaOH:磷化渣 = 1:(1.2~1.3)（干磷化渣）；反应温度 90~98℃。反应后生成的 $Fe(OH)_3$ 和 $Zn(OH)_2$ 沉淀，加水加热搅拌洗涤，反复数次，一直到沉淀中含碱很低时，再放出弃去。

B 影响磷化渣回收率的因素

（1）NaOH 水溶液浓度。

（2）NaOH 与磷化渣的比例。

（3）反应温度。

（4）加渣化渣的方法。

（5）反应后溶液浓度。

7.1.3.2 氧化铁皮的利用

线材表面存在大量的氧化铁皮，钢丝热处理生产过程中也会产生大量的氧化铁皮。利用它还原后制成铁粉用于制造拉丝模套，可以节约大量钢材。用粉末冶金制造拉丝模是一种无切削或少削的新工艺，且通过实践证明这种模套使用效果很好。制造铁粉的主要原料是氧化铁皮，用氧化铁皮生产铁粉的工艺流程，如图 7-5 所示。

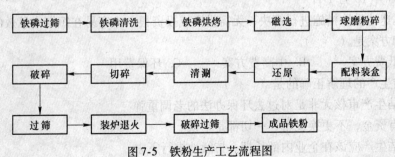

图 7-5 铁粉生产工艺流程图

7.1.3.3　铅渣的利用

铅淬火热处理时铅液表面往往会形成一些渣块浮在铅液上，它们绝大部分是氧化铅（PbO）所构成的灰渣，也有少量的铅块附在其中。

为了保证热处理钢丝质量，各生产厂家都制订并认真执行了定期掏铅渣制度。掏出的铅渣可以通过还原法冶炼将铅提炼出来，这些回收的铅又可作为补充添加的铅，加入淬火介质。这样既可减少钢的热处理生产的铅耗、降低生产成本，同时又避免了对环境的污染。

提炼方法是：在鼓风炉作用下将铅渣与焦炭混合燃烧，就如高炉炼铁一样，焦炭将氧化铅还原成铅液而沉于炉底，其化学反应方程式为：

$$2PbO + C \Longrightarrow 2Pb + CO_2 \uparrow$$

或　　　　　　　　　　$$CO_2 + C \Longrightarrow 2CO$$

$$PbO + CO \Longrightarrow Pb + CO_2 \uparrow$$

电镀产生的废水对环境和人类的危害也非常大。常见的有硫酸锌液体、硫酸铜液体、焦磷酸盐镀液及氰化镀液等。其中氰化物有剧毒，游离的氰根如 KCN 致死量仅为 0.25g，呈酸性时放出 HCN 时，空气中含氰化氢气体仅 0.00027% 就会使人致死。焦磷酸盐在水溶液中被细菌作用也将转化为有毒物质，排放的铜盐溶液对人体和鱼类也有害。因此，对这些有毒物质，必须采取措施进行处理，以减少对环境的污染和对人体健康的危害。

7.2　应知训练

单选题

（1）清洁生产是一种新的创造性思想，该思想将整体预防的环境战略持续应用于生产过程、产品和服务中，以增加（　　）和减少人类及环境的风险。

　　A. 生态污染　　　　　B. 清洁生产　　　　　C. 生态效率

（2）清洁生产方案是实现清洁生产的具体途径，通过方案的实施实现清洁生产的目的。以下哪个选项不是清洁生产的目的？（　　）

　　A. 节能　　　　　　　B. 降耗　　　　　　　C. 保持机器的干净

（3）《中华人民共和国清洁生产促进法》是从哪一年开始实施的？（　　）

　　A. 2002 年 6 月 29 日　　　　　　　　　B. 2003 年 1 月 1 日

　　C. 2004 年 10 月 1 日

（4）可以迅速地采取措施进行解决，无需投资或投资很少，容易在短期内见效的清洁生产措施和方案是（　　）。

　　A. 无低费方案　　　B. 中高费方案　　　　C. 环保费用

（5）对清洁生产的理解正确的是（　　）。

　　A. 清洁生产审核无非是对过去环保办法的老调重弹

　　B. 没有资金，不更换设备，一切都是空谈

　　C. 清洁生产应该在企业内部长期、持续地推行下去

（6）污染严重企业名单由（　　）公布。

A. 省级的环保局（厅）　　　　　　　B. 省级的经贸局

C. 地市级的环保局　　　　　　　　　D. 地市级的经贸局

（7）推行清洁生产的主体是（　　）。

A. 政府机关　　　　B. 社会团体　　　　C. 企业　　　　D. 科研院所

（8）（　　）是进行清洁生产审核的第一步。

A. 预审核　　　　　　　　　　　　　B. 审核

C. 实施方案的确定　　　　　　　　　D. 审核准备

（9）下列（　　）工作是在审核准备阶段开展的。

A. 宣传和培训　　　　　　　　　　　B. 确定清洁生产目标

C. 物料衡算　　　　　　　　　　　　D. 经济分析

（10）确定清洁生产目标是在（　　）阶段。

A. 方案产生筛选　　B. 审核　　　　C. 审核准备　　　D. 预审核

（11）对无/低费方案的核定和汇总是在（　　）阶段。

A. 方案产生与筛选　B. 可行性分析　C. 审核　　　　D. 预审核

（12）清洁生产行业标准分（　　）级。

A. 2　　　　　　　B. 3　　　　　　C. 4　　　　　　D. 5

（13）清洁生产审核步骤（　　）。

A. 4 个阶段　　　　B. 7 个阶段　　　C. 8 个阶段

（14）可行性分析中，经济评估的判断准则是（　　）。

A. 内部收益率＞基准收益率　　净现值＜0

B. 内部收益率＜基准收益率　　净现值＝0

C. 内部收益率＜基准收益率　　净现值≤0

D. 内部收益率＞基准收益率　　净现值＞0

（15）列入实施强制性清洁生产审核名单的企业应当在名单公布后（　　）内开展清洁生产审核。

A. 一个月　　　　　B. 两个月　　　　C. 半年　　　　D. 三个月

（16）使用有毒有害原料进行生产或者在生产中排放有毒有害物质的企业，两次审核的间隔时间不得超过（　　）。

A. 一年　　　　　　B. 两年　　　　　C. 五年　　　　D. 半年

（17）水泵吸入水的高度叫水泵的（　　）。

A. 吸程　　　　　　B. 允许吸上真空高度　　　　C. 出水扬程

（18）酸度是指水中能接受的物质和（　　）的物质的总和。

A. 氢离子　　　　　B. 阴离子　　　　C. 氢氧根离子

（19）生石灰的有效成分是（　　）。

A. 氧化钙　　　　　B. 氢氧化钙　　　C. 碳酸钙

（20）在流速不大时，密度比污水大的一部分悬浮物借助（　　）作用在污水中沉淀下来。

A. 重力　　　　　　B. 压力　　　　　C. 浮力

参 考 文 献

[1] 徐效谦, 阴绍芬. 特殊钢钢丝 [M]. 北京: 冶金工业出版社, 2005.

[2] 戴宝昌. 重要用途线材制品生产新技术 [M]. 北京: 冶金工业出版社, 2001.

[3] 李志深. 钢丝生产工艺 [D]. 湘潭: 湘潭钢铁公司职工大学, 1992.

[4] 徐建平. 钢丝与钢绳设备 [M]. 北京: 兵器工业出版社, 2005.

[5] 刘天佑. 钢材质量检验 [M]. 北京: 冶金工业出版社, 2008.

[6] 刘阳, 等. 线材制品业酸性废水的综合治理与回用研究 [J]. 金属制品, 2010, 10 (5): 36.

冶金工业出版社部分图书推荐

书　名	作　者	定价(元)
现代企业管理(第2版)(高职高专教材)	李　鹰	42.00
Pro/Engineer Wildfire 4.0(中文版)钣金设计与 　焊接设计教程(高职高专教材)	王新江	40.00
Pro/Engineer Wildfire 4.0(中文版)钣金设计与 　焊接设计教程实训指导(高职高专教材)	王新江	25.00
应用心理学基础(高职高专教材)	许丽遐	40.00
建筑力学(高职高专教材)	王　铁	38.00
建筑CAD(高职高专教材)	田春德	28.00
冶金生产计算机控制(高职高专教材)	郭爱民	30.00
冶金过程检测与控制(第3版)(高职高专国规教材)	郭爱民	48.00
天车工培训教程(高职高专教材)	时彦林	33.00
工程图样识读与绘制(高职高专教材)	梁国高	42.00
工程图样识读与绘制习题集(高职高专教材)	梁国高	35.00
电机拖动与继电器控制技术(高职高专教材)	程龙泉	45.00
金属矿地下开采(第2版)(高职高专教材)	陈国山	48.00
磁电选矿技术(培训教材)	陈　斌	30.00
自动检测及过程控制实验实训指导(高职高专教材)	张国勤	28.00
轧钢机械设备维护(高职高专教材)	袁建路	45.00
矿山地质(第2版)(高职高专教材)	包丽娜	39.00
地下采矿设计项目化教程(高职高专教材)	陈国山	45.00
矿井通风与防尘(第2版)(高职高专教材)	陈国山	36.00
单片机应用技术(高职高专教材)	程龙泉	45.00
焊接技能实训(高职高专教材)	任晓光	39.00
冶炼基础知识(高职高专教材)	王火清	40.00
高等数学简明教程(高职高专教材)	张永涛	36.00
管理学原理与实务(高职高专教材)	段学红	39.00
PLC编程与应用技术(高职高专教材)	程龙泉	48.00
变频器安装、调试与维护(高职高专教材)	满海波	36.00
连铸生产操作与控制(高职高专教材)	于万松	42.00
小棒材连轧生产实训(高职高专教材)	陈　涛	38.00
自动检测与仪表(本科教材)	刘玉长	38.00
电工与电子技术(第2版)(本科教材)	荣西林	49.00
计算机应用技术项目教程(本科教材)	时　魏	43.00
FORGE塑性成型有限元模拟教程(本科教材)	黄东男	32.00
自动检测和过程控制(第4版)(本科国规教材)	刘玉长	50.00